굴리엘모에게

차례

새 학년

저는 학기가 끝나고 방학이 시작될 때 행복을 느낍니다. 왜냐고요? 아무래도 학교생활에서 자유로워지잖아요. 축복받은 생활을 하는 어린 남동생처럼 저도 하고 싶은 걸 모두 할 수 있습니다. 정말이지 졸리면 잘 수 있고, 자전거를 타러 갈 수 있고, 허락을 받으면 친구를 초대해서 놀 수도 있고……. 아, 이것도 있네요. 8월이 되어 바다에 가면 저는 더 행복해진답니다.

하지만 바다에서 돌아올 무렵이면 학교가 조금 그립고 친구들이 보고 싶기도 합니다. 그리고 이건 제 생각인데요, 학기가 다시 시작될 때 학교에 가는 게 기쁘다니 참 다행이지 않나요? 더군다나 좀 똑똑해져서 돌아온 새 학년에서는 문제를 풀다가 실수하는 걸 두려워하지 않게 되었습니다. 만약 실수를 바로 알아차리게 되면, 다시 풀어보고 실수하지 않으려고 노력합니다.

개학 첫날 우리는 선생님과 함께 여러 놀이를 하고, 선생님께서 읽은 책 속에서 뽑은 수수께끼도 풀면서 즐거운 시간을 보냈습니다. 선생님께서는 머리가 좋은 분이세요. 꿈같던 방학생활에서 학교생활로 순식간에 바꾸라고 다그치는 대신, 쉽지 않은 학교생활이 아주 천천히 우리 몸에 배도록 만드시거든요. 학교생활이 다시 시작되었다는 것조차 깨닫지 못하게 말이에요.

저는 마르코와 노는 게 참 좋습니다. 어떻게 하면 이기는지 저도 그 비결을 알거든요. '먼저 10에 도달하기' 놀이를 예로 들어보겠습니다. 첫 번째 아이가 1이나 2를 말합니다. 이어 두 번째 아이가 거기에 1이나 2를 더해서 말하면 다시 처음 시작한 아이가 1이나 2를 더해서 말하고, 그렇게 먼저 10을 말할 때까지 돌아가며 계속하는 것입니다. 10을 말한 아이가 이기는 놀이지요.

마르코가 처음에 1을 말했고, 저는 2를 더해서 3이라고 했습니다. 마르코가 4, 그다음에 제가 5를 말했고, 마르코가 7, 제가 8, 그리고 마르코가 10을 말해서 이겼습니다.

우리는 이 놀이를 다시 한 번 했는데, 이번에도 마르코가 먼저 시작했습니다. 마르코가 첫 번째 놀이에서 이겼으니까요. 마르코가 1, 저는 2, 마르코가 3, 저는 4, 마르코가 6, 저는 7, 마르코가 9, 마침내 제가 10을 말해서 이겼습니다. 놀이를 하면서 이기는 방법을 알게 되었지만, 우리는 비밀로 하기로 했습니다. 그래서 다른 사람들에겐 절대로 말하지 않을 거예요.

(비결은 이것이에요. 7을 말하면 확실하게 이길 수 있답니다. 그다음에 친구가 8을 말한다면, 2를 더해서 10을 말하면 되지요. 9를 말한다면 1을 더해서 10을 말하고요.)

학교 가는 첫날은 장미를 비롯한 꽃들이 흐드러져서 마치 파티 같지만, 그 후로 이어지는 학교생활은 몇 달이나 계속되지요……. 가끔 우리는 학교에 가고 싶지 않습니다. 하지만 선생님께서는 1년 동안 재미있을 거라고 말씀하셨습니다. "선생님이 여러분에게 약속할게요!" 우리도 그렇기를 바랍니다.

흥미로운 이야기

선생님께서 우리처럼 어렸을 땐 수학을 잘 이해하지 못해서 마음 상하고 슬펐다고 합니다. 그래서인지 선생님이 된 지금 우리가 용기를 잃지 않고 수학을 이해할 수 있게 아주 많이 도와주십니다. 선생님께서는 아주 천천히, 천천히 나아가면 잘 할 수 있고 더 이상 슬프지 않아도 된다고 하십니다. (바로 저에게 일어난 일이에요.) 선생님께서는 우리가 교실에서 스도쿠나 해전놀이(바둑판 모양의 말판에 다양한 길이의 배를 놓고 상대편 배의 좌표를 모두 맞혀 가라앉히는 놀이—옮긴이)를 하는 걸 싫어하지 않으십니다. 생각을 하게 만드는 재치 있는 놀이이고, 생각은 머리를 좋게 만든다고 하시지요. 그리고 선생님께서는 엄마 아빠나 할머니 할아버지께 자주 들곤 해서(저는 자기 전에 이야기를 들어요) 이야기를 좋아하는 우리에게 이야기를 들려주시기도 합니다.

이제부터 소개하는 이야기는 선생님께서 우리에게 처음으로 들려주신 이야기이고, 제목은 '너희처럼 작은 아이'입니다.

오래 전에 우리처럼 초등학교에 다니는 아주 영리한 아이가 있었는데, 나중에 커서 아주 유명해졌다고 합니다. 이 아이는 선생님의 입을 떡 벌어지게 만드는 일을 자주 벌였답니다. 하루

프리드리히 가우스
(Friedrich Gauss)
1777~1855

는 선생님께서 생활기록부를 정리해야 했습니다. 잠시나마 조용한 시간이 필요했던 선생님께서는 반 아이들에게 아주 오래 걸리는 문제 하나를 내주셨습니다. "1부터 100까지의 수를 더해서 합을 내보세요." 선생님께서는 이렇게 말하고 속으로 생각하셨습니다. '아이들이 계산하는 동안 편하게 일할 수 있겠지?' 그런데 몇 분이 채 지나지 않아, 프리드리히(제 사촌과 같은 이름인데요, 우리는 페데리코라고 하고 독일에서는 이렇게 부른답니다)라는 아이가 답을 알아내어 선생님 곁으로 다가왔습니다. 아이의 답은 5050, 그러니까 오천오십이었습니다. 선생님께서 곧바로 계산해보니 정답이었습니다. 선생님께서는 프리드리히가 어떻게 그렇게 빨리 계산했는지 알고 싶으셨대요.

그러자 프리드리히는 좋은 방법이 있다며 설명해주었습니다.

$$1+99$$
$$2+98$$
$$3+97$$
$$4+96$$

··· ··· 계속 더하다보면 ······

$$48+52$$
$$49+51$$

모든 수를 두 개씩 짝지어 합이 100이 되도록 합니다.

그러면 49쌍이 나오니까 다 합하면 4900이지요. 그런 다음에 남은 100과 50을 더합니다. 그래서 5050이 되는 것입니다.

선생님께서는 프리드리히가 빠르게 계산하는 방법을 찾은 영리함에 놀랐고, 나중에 위대한 수학자가 될 수 있으리라는 예감이 드셨답니다. 선생님께서는 이렇게 생각하셨습니다. '어디 보자, 내가 열심히 가르치고 거기에 이 아이의 지혜를 더한다면 아주 많은 것을 알아내겠지? 온 세상 사람들에게 도움이 될 거야.' 마침내 프리드리히 가우스는 어른이 되어서 많은 공식을 발견했고 유명해졌습니다.

제게도 프리드리히처럼 멋진 생각이 떠오른다면 좋을 텐데요.

남동생이 있다면
뭐든지 나누어야 해요

남동생이 태어나기 전, 모든 것은 제 것이었습니다. 할머니가 초콜릿 한 상자를 주시면 배탈이 날 수도 있으니까 한꺼번에 먹어 치워서는 안 되었습니다. (생크림도 마찬가지고요.) 하지만 어느 누구와도 초콜릿을 나누는 일은 없었습니다. 기껏해야 엄마 아빠에게 드리는 정도였지요. 그러다 남동생이 태어나면서

부터 우리는 모든 걸 반으로 나누게 되었습니다. (그렇지만 저는 상관없었습니다. 남동생이 크면 함께 럭비를 할 수도 있으니까요. 우리도 베르가마스코 형제처럼 대단한 형제 선수가 될지도 모릅니다.) (마우로 베르가마스코와 미르코 베르가마스코는 유명한 형제 럭비 선수이다—옮긴이)

오늘 선생님께서는 바로 파이나 캐러멜 또는 초콜릿을 나누는 방법을 가르쳐주셨습니다. 그 군것질거리들을 똑같이 나눌 때 나뉜 부분들을 **분수**라고 합니다.

저는 위층에 사는 에바한테 분수 이야기를 들은 적이 있습니다. "분수 공부했어? 얼마나 어려운지 한번 보라고……." 그래서 저는 분수가 무엇인지 미리 알았고 아주 잘 알고 있습니다. 분수란 이런 것입니다.

처음에 우리에게는 어떤 물건이 통째로 있을 것입니다. 파이, 초콜릿, 가방, 캐러멜 상자나 인형 상자……. 이것을 똑같은 부분으로 나눕니다. 초콜릿 한 개가 있다고 가정해보겠습니다.

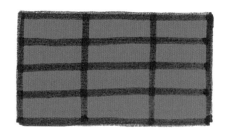

그리고 친구 두 명도 있다고 가정합니다. 친구들이 잘해주니까 저도 친절하게 대하고 싶습니다. 그래서 초콜릿을 3등분으로 나누려고 합니다. 이렇게요.

보세요, 이게 분수랍니다! 초콜릿을 세 조각으로 나누었으니까 한 조각을 분수로 '삼분의 일'이라고 합니다. 얼마나 쉬운데요. 하지만 수학에서는 글자 대신에 숫자를 쓰니까, 이제부터는 '삼분의 일' 대신 이렇게 씁니다.

3과 1을 구분하는 긴 선을 보면 초콜릿을 세 조각으로 자른 일이 떠오르겠지요. 그래서 선 대신 칼 그림을 그릴 수도 있습니다.

저는 처음에 칼 그림을 예쁘게 그렸는데(사실은 손으로 초콜릿을 부러뜨렸지만요) 이제는 빨리빨리 쓰느라 더 이상 그리지 않습니다.

이때 친구 중 한 명이 소화불량 때문에 초콜릿을 먹지 않는 일이 일어날 수 있습니다. 그러면 그 친구가 초콜릿 조각을 주겠지요? 따라서 삼분의 일의 초콜릿을 더 얻게 됩니다. 합하면 삼분의 이입니다.

그리고 이걸 이렇게 씁니다.

이제 **분모**(分母) 3이 아이 초콜릿 셋을 둔 '엄마'이고, **분자**(分子) 2는 우리가 받은 '아이' 초콜릿이 2개라는 뜻이라는 걸 알겠지요?

거꾸로 세계

저에게 분수의 세상은 정반대의 세계입니다. 정수의 세계에서 일어나는 일과 모조리 반대거든요. 두 개의 수를 고른다고 해볼까요. 5와 6을 뽑아보겠습니다. 머리를 짜내지 않아도 둘 중 5가 6보다 작은 수라는 걸 알 수 있습니다. 반면에 분수의 세계에서는 생각지도 못한 일이 일어납니다. 어떤 일이냐고요?

$\frac{1}{5}$은 $\frac{1}{6}$보다 크다.

아무리 봐도 이상하잖아요! 그렇지만 케이크 한 판을 상상해보면 바로 이해할 수 있습니다. 케이크를 5명이 나눠 먹으면 6명이 먹을 때보다 더 큰 조각을 먹을 수 있잖아요.

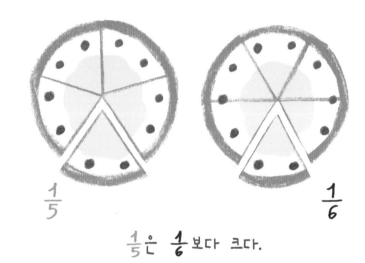

$\frac{1}{5}$은 $\frac{1}{6}$보다 크다.

선생님께서는 무엇이 더 크고 무엇이 더 작은지를 알려주는 기호를 사용하도록 가르쳐주셨습니다. 커다랗게 벌린 악어 입처럼 생긴 기호예요. 좁은 쪽은 작은 것을 향해, 넓은 쪽은 큰 것을 향하도록 표시합니다.

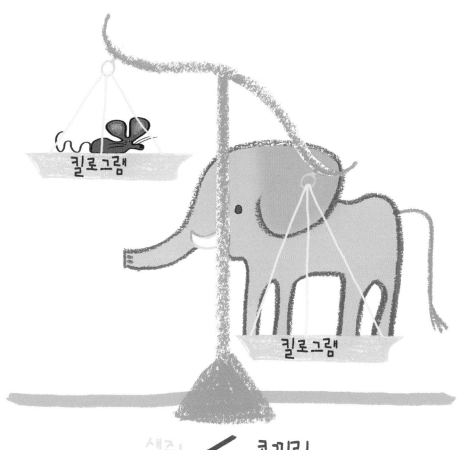

생쥐 < 코끼리

그리고 이렇게 읽습니다. 마음에 드는 대로 읽으면 됩니다.
"생쥐는 코끼리보다 몸무게가 덜 나간다." "코끼리는 생쥐보다
몸무게가 더 나간다." 코끼리는 생쥐보다 '더'한 것들이 많아
요. 하지만 지능은 아니에요. 제 생각에 생쥐의 지능은 낮지 않
습니다. 사실 아주 영리하지요.

5분의 행복

하루에 배울 분량을 다 마치고 5분이 남으면 우리는 선생님과 함께 놀이를 하거나 수수께끼를 풉니다. 오늘 선생님께서 설명 하시는 동안 우리는 열심히 수업을 들었습니다. 수업 시간에 착하고 얌전하게 굴면 나중에 놀이를 하기로 약속했거든요. 떠 드는 아이는 마르코밖에 없었습니다. 요즘 베아트리체가 좋아 졌는지 걔랑 만날 속닥거리거든요. (저는 아마도 비안카를 좋아 하는 것 같아요.) 하지만 나중엔 마르코도 입을 다물었습니다. 놀이를 하지 않으면 우리는 수수께끼를 풉니다. 이런 문제를요.

신생님께서 얼마나 똑똑한지 알아보려고 한 아이에게 다섯 개의 수를 곱하는 문제를 냈습니다. 아이는 수들을 보더니 곱셈을 하지도 않고 바로 답을 말했습니다. 어떻게 그 아이는 계산도 하지 않고 문제를 풀 수 있었을까요?

다비데가 첫 번째로 대답했습니다. "아마도 누군가 아이에게 살짝 힌트를 줬을 거예요." 하지만 그것은 정답이 아니었습니다. 뒤이어 마르타가 답을 말했습니다. "예전에 그 수수께끼를 풀어봤겠지요. 그래서 운이 좋게⋯⋯." 마르타의 답도 역시 틀렸습니다.

'음⋯⋯ 수수께끼 안에 어떤 속임수가 있을 것 같은데⋯⋯.' 저

는 이렇게 생각했습니다. 그런데 선생님께서는 아주 간단하다
고 말씀하셨습니다. 우리는 오후 내내 답을 생각해보았습니다.
저도 머리를 짜내보았지만 숨은 해답을 찾지는 못했습니다.

정말 이상한 일

저는 이미 수가 끝이 없다는 사실을 알고 있습니다.

1 2 3 4 5 6 7 8 9 10 11 12 13 14

계속 1을 더할 수 있거든요. 정말로 끝이 없다니까요. (목이 쉬
도록 수를 센 다음에 다음 사람이 이어 말하고, 그다음에는 또 다른
사람이 이어받고 …… 그렇게 하다보면 수가 무한하다는 걸 확실히
알게 될걸요?)
그런데 믿을 수 없는 일은 분수도 마찬가지라는 것입니다. 이
렇게 계속 쓸 수 있어요.

$\frac{1}{2}$ $\frac{1}{3}$ $\frac{1}{4}$ $\frac{1}{5}$ $\frac{1}{6}$ $\frac{1}{7}$ $\frac{1}{8}$ $\frac{1}{9}$ $\frac{1}{10}$ $\frac{1}{11}$ $\frac{1}{12}$

쉼 없이 나눌 수 있습니다. 어떤 수라도, 아무리 큰 수라도요. 다른 점이 있다면 계속 세어나갈수록 수는 늘 더 커지는 반면, 분수는 더 작아진다는 것입니다! 하지만 우리에게는 마찬가지입니다. 너무 크거나 너무 작은 것들은 그릴 수도 없고 상상조차 할 수 없으니까요. 중간에 있는 수가 가장 좋아요.

맛있는 케이크 한 판의 $\frac{4}{5}$와 $\frac{5}{6}$ 중 어느 쪽이 더 좋을까요?

어려운 질문입니다. 5분의 1은 6분의 1보다 더 크긴 하지요. 그렇지만 5분의 4는 5분의 1이 네 개밖에 되지 않는데, 6분의 5는 6분의 1이 다섯 개나 되어 하나가 더 많습니다. 그렇다면 어떻게 해야 할까요?

이번 학년에 저는 실력이 부쩍 늘었습니다. 선생님께서 질문하실 때마다 저는 곰곰이 생각하고 답을 찾아냅니다. 더욱이 오늘은 믿을 수 없을 만큼 운이 좋은 날입니다. 음식을 나누어 먹을 때 할머니께서 하신 말씀이 떠올랐거든요. 할머니께서 뭐라고 하셨냐고요? "다른 식구들도 생각하렴. 얼마나 남았는지 따져봐야 한다."

만약 $\frac{4}{5}$를 가져가면 $\frac{1}{5}$이 남고, $\frac{5}{6}$를 가져가면 $\frac{1}{6}$이 남습니다.

그리고 $\frac{1}{6}$은 $\frac{1}{5}$보다 작습니다.

그러므로 케이크를 더 많이 먹으려면 $\frac{5}{6}$를 골라야겠지요.

그런데 케이크 한 판의 $\frac{5}{6}$는 너무 많지 않나요?

다른 식구들 몫은 너무 적은 데다가 배탈이 나고 말걸요!

$$\frac{5}{6} > \frac{4}{5}$$

$\frac{5}{6}$는 $\frac{4}{5}$보다 크다.

어머니의 날 공연

일주일 내내 학교에 어릿광대가 왔습니다. 어릿광대는 우리에게 알록달록한 가발, 버찌 모양의 새빨간 코, 우스꽝스러운 옷, 아주 기다란 신발 등으로 변장하는 법을 가르쳐주었습니다……. 껑충껑충 뛰는 법과 사람을 웃기는 여러 가지 방법도요.

제가 열심히 연습한 동작은 이거예요. 좀 비틀거리다가 발에 걸린 척하고 가까이 있는 사람 쪽으로 픽 쓰러지는 거요. 그러면 둘 다 넘어져서 바닥에 데굴데굴 구르게 된답니다.

어릿광대 수업이 끝나고 각 반에서는 공연 준비를 합니다. 하지만 어머니의 날 공연을 펼치는 반은 딱 하나입니다. 어떤 반이 공연할지는 제비뽑기로 결정합니다. 우리는 사람들이 큰소리로 웃을 만한 재미있는 촌극을 준비했습니다. 그래서 우리 반이 뽑히면 아주 좋겠지만 알 수 없는 일이지요. A반 아이들은 자기들이 운이 좋으니까 뽑힐 거라고 말하고 다닙니다. 그렇지만 제비뽑기를 하기 전까지는 함부로 말해서는 안 된다고 생각합니다.

누구에게든 운이 따를 수 있으니까요.

3학년은 다섯 개 반이 있어서 제비를 5장 만들고(한 반에 하나씩), 제비를 상자에 넣은 뒤 한 아이가 한 장을 뽑습니다. 그리고

거기에 적힌 반 이름을 말합니다. (우리 E반이었으면 좋겠어요.)

제 동생은 공연 이야기를 듣고는 가고 싶다며 마구 울어댔습니다. 하지만 저는 동생에게 알아듣도록 분명히 말했습니다. "공연장에 오려면 초등학생이 되어야 해. 초-등-학-생! 집에서 노는 복 받은 꼬맹이 말고!"

기대는 한 판의 케이크와 같다

오늘 우리는 공연에 쓸 소품을 모두 준비했습니다. 아주 좋은 소식도 들었고요. B반과 C반은 제비뽑기에 참가하지 않는답니다. 어머니의 날 공연을 하는 날 호숫가로 소풍을 가기 때문이지요!

다비데는 우리 반이 뽑힐지 확실하지 않으니까 이것저것 준비하는 건 쓸데없는 짓이라고 말했습니다. 하지만 저는 확실하진 않아도 우리가 뽑힐 수 있겠다는 생각이 들었습니다. 선생님께도 이렇게 말씀드렸습니다. "선생님, 어쩌면 공연을 할 수도 있겠어요. 제비뽑기를 세 반만 하잖아요."

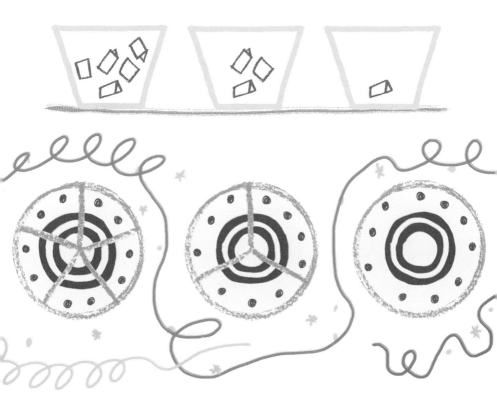

선생님께서도 제 말이 옳다고 하셨습니다. "오, 맞아요. 이건 기대의 문제랍니다. 확실히 일어날 일은 전체라고 할 수 있지요. 그렇지만 어떤 일이 일어났으면 하는 기대는 확실하지 않아요. 기대가 클 수도, 작을 수도 있지만 전체는 되지 못합니다. 마치 커다란 케이크의 크거나 작은 조각처럼 한 부분일 뿐이지요. 자, 지금 제비뽑기를 하는 반은 셋이에요. 우리 반이 뽑히리라는 기대는 $\frac{1}{3}$이에요. 다섯 개 반이 참가할 때보다 더 커졌어요. 그때는 $\frac{1}{5}$이었으니까요."

간단히 말해서, 우리 주변에서 일어나는 모든 일 중에서 어떤 것은 정말정말 확실하고, 어떤 것은 잘 모릅니다. 꼭 일어나는 일이 케이크 한 판이라면, 일어날지 어떨지 모르는 일은 조각 케이크라고 생각하면 됩니다. 이런 기대의 조각을 **확률**이라고 합니다.

따라서 우리가 뽑힐 확률은 $\frac{1}{3}$입니다.

멋진 새 자전거가 생겼어요!

저는 눈에 띄게 컸습니다. 할머니께서 집에 오실 때마다 말씀
해주셔서 저도 알고 있답니다. 매일 비타민이 듬뿍 든 채소와
과일을 먹어서이기도 하지만, 확실히 근육도 단단해지고 날이
갈수록 몸이 튼튼해지고 있어요. 자전거는 이제 제가 타기엔
너무 작습니다. 그래서 부모님께서 새 자전거를 사주셨습니다.
(전에 타던 자전거는 그대로 두었어요. 동생이 더 크면 그 자전거를

탈 수 있겠지요.)

새 자전거는 아주 멋집니다. 300유로짜리이지만, 10퍼센트 할인된 값으로 샀습니다. 10퍼센트는 10%라고도 쓰지요. 저는 부모님이 30유로를 아꼈다는 사실을 알아냈습니다! 학교에서 배운 내용이거든요. 선생님께서는 10%를 할인받으면 100유로에서 10유로를 내지 않는다고 가르쳐주셨습니다. 따라서 10 더하기 10 더하기 10입니다.

하지만 이렇게 생각해볼 수도 있습니다. 10% 할인은 100유로에서 10유로, 그러니까 10분의 1만큼을 떼어냈다는 뜻입니다. 이걸 적용해서 300유로의 10분의 1을 떼어낸다고 하면 30유로를 내지 않는 것입니다.

자전거를 파는 아저씨는 잘했다고 칭찬하면서 제게 계산을 도와주러 와도 되겠다고 말씀하셨습니다. 농담이 아니었어요. 아

재치 있는 계산법

백분율로 재치 만점의 환상적인 계산을 할 수 있습니다. 한 수의 10%가 그 수의 10분의 1과 같다는 사실을 알기만 하면 모든 것이 쉬워지거든요. 예를 들어 120의 10%를 구한다면, 120을 10으로 나누기만 하면 되지요. 답은 12입니다. (혹시 10으로 나누는 걸 까먹었다면 0을 하나 없애거나 왼쪽으로 한 칸 소수점을 옮기면 됩니다. 어쨌든 기억이 안 난다 할지라도, 이것이 법칙이랍니다.)

저씨는 어른 대하듯이 제 손을 꽉 잡고 악수까지 해주셨는걸요.

가분수

어떤 수는 분수인 척하고 있지만, 자세히 보면 분수가 전혀 아니라는 것을 알게 됩니다.
사과 하나의 $\frac{4}{4}$ 를 생각해볼까요. 사과를 네 조각으로 나누고, 그 조각들을 다 먹어보세요. 그러면 사과 하나를 전부 먹은 거지요! (벌레 먹은 부분도 먹을 수 있고요.)

선생님께서 한참 설명하시는데, 마르코가 어제 마티아와 축구
하러 가기로 했는데 마티아가 나타나지 않았다는 이야기를 꺼
냈습니다.

마르코는 1시간의 $\frac{1}{4}$을, 또 1시간의 $\frac{1}{4}$을 기다렸지만 마티아
가 오지 않았습니다. 1시간의 $\frac{1}{4}$을 더 기다렸으나 마티아의 그
림자조차 볼 수 없었습니다. 그래서 1시간의 나머지 $\frac{1}{4}$을 더
기다리기로 마음먹고 그 시간이 지나고 난 뒤에야 혼자서 경기
장에 갔습니다. 마르코는 땀투성이인 채 달려온 마티아에게 이
렇게 말했다고 합니다. "나는 너를 꼬박 한 시간 기다렸어. 늦
으면 늦는다고 말해줬어야지!"

그러자 마티아는 바로 어제 여동생이 태어나서 집이 야단법석
이었고, 그래서 할아버지를 모셔다 드리느라 한 시간이나 늦었
다고 대답했답니다.

가분수는 $\frac{4}{4}$만 있는 것이 아닙니다. $\frac{2}{2}$도 있고 $\frac{3}{3}$, $\frac{10}{10}$······. 그
리고 모두 완전한 1을 의미합니다.

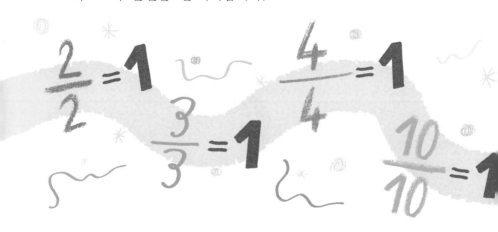

저는 1이란 갈아입을 옷이 참 많은 것 같다고 생각했습니다. 마음대로 옷을 갈아입을 수 있지만, 어쨌든 1은 1이지요.

유쾌한 점심시간

친구들과 함께 놀 수 있어서 저는 학교에서 밥을 먹을 때가 참 좋습니다. 집에서 밥을 먹을 때는 어린 동생이 낮잠을 자서 저도 자야만 합니다. 학교에서 밥 먹는 게 가장 좋은 날은 목요일인데, 마르게리타 피자가 나오는 날이거든요.

피자 다음에 샐러드를 주는데, 다비데는 샐러드를 전혀 먹으려 하지 않습니다. 그러면 선생님께선 샐러드를 집어주며 비타민과 무기질 등 몸에 좋은 성분이 많이 들어 있다고 말씀하십니다. 마지막으로 과일을 먹습니다. 과일에도 온갖 좋은 성분이 들어 있습니다. 짭짤한 무기질 대신 달콤한 무기질이요. 하지만 다비

데는 과일 역시 좋아하지 않습니다. 걔는 피자만 좋아하지요.
피자가 도착하면, 마구 뛰놀던 우리는 자리에 앉습니다. 조각
피자가 아주 큰 접시에 담겨 나옵니다. 덕분에 시간 낭비할 일
없이 우리는 바로 피자를 먹을 수 있지요. 오늘은 피자를 막 먹
으려는데 선생님께서 말씀하셨습니다. "잠깐, 잠깐만, 조금만
기다리세요. 여기에 재미있는 분수가 숨어 있어요! 여러분 앞
에 $\frac{1}{4}$ 조각 피자가 많이 있지요. 자, 한번 세어볼까요."

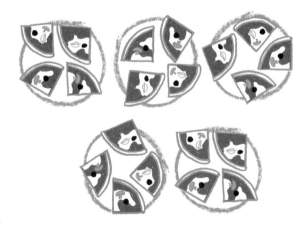

그리고 어떻게 되었냐고요? $\frac{1}{4}$ 조각은 모두 20개였고, 다 합치니 피자 5판이 되었습니다.

간단히 말해서, $\frac{20}{4}$ 은 5와 같습니다.

"선생님, 그러면 $\frac{20}{4}$ 도 가분수네요. 왜냐하면 5라는 뜻이니까요." 영리한 비안카가 말했습니다. 그러자 저도 재치 있는 말을 하고 싶었습니다. "선생님, $\frac{1}{2}$ 조각짜리 피자 10개는 피자 5판과 같아요." "맞아요." 선생님께서 대답하셨습니다.

$\frac{10}{2}$ 은 5와 같습니다.

그 순간 저는 1만 옷을 갈아입을 수 있는 게 아니라 5나 다른 수도 마찬가지라는 생각이 들었습니다. 하지만 쉬는 시간을 알리는 종이 울렸고 저는 놀 시간이 아까워서 아무 말도 하지 않았습니다. (저와 마르코는 서둘러 나무 아래로 갔습니다. 그렇지 않으면 다른 아이들이 차지해버리거든요.)

재치 있는 계산법

정말 쉬운 문제예요. 만약 10%를 확실하게 계산할 줄 안다면 20%는 누워서 떡 먹기입니다. 그냥 두 배니까요. 그러니까 먼저 10%를 계산하고 나서 그것을 두 배로 늘리면 되지요. 아주 간단합니다. 120의 20%는 12+12, 즉 24입니다.

5분의 행복

오늘 마지막 5분은 5분이 아니라 2분이었습니다. 디에고가 만날 분홍색 옷만 입는 줄리아를 놀려서 결국 울리고 말았거든요. 줄리아의 물건과 옷은 죄다 연분홍이거나 진분홍, 분홍 줄무늬, 분홍 물방울무늬입니다. 다른 색은 다 싫다고 합니다. 기껏해야 자주색이나 은색 정도이지요. 필통, 책가방, 공책 표지까지도 분홍색입니다. (제 생각에 줄리아는 공주병에 걸려 있습니다. 최신 유행이라고 생각할지 모르겠지만 전혀 그렇지 않다고요.)

그래서 지난번에 맞히지 못한 수수께끼를 풀 시간밖에 남지 않았습니다. 아무도 수수께끼를 풀지 못하자 선생님께서 문제를 설명하며 이렇게 말씀하셨습니다. "곱해야 할 다섯 개의 수 중에 틀림없이 0이 하나 있어요. 그러면 곱셈의 답은 자동으로 0이 됩니다."

'그래서 그 아이가 빛의 속도보다 빠르게 대답을 했구나!' 얼마나 아까운지 모르겠습니다. 저도 정답을 말할 수 있었는데요. 작년부터 0이라는 수를 알았거든요. 곱셈할 때 0이 있으면 모든 것을 취소시킵니다! 어쨌든, 마음에 드는 수수께끼입니다.

저희 집 위층에 사는 에바나, 같은 층에 사는 루카에게 꼭 이 문제를 내봐야겠어요. 둘 중에 먼저 마주친 친구에게 말이에요.

백분율은 분수이다

저는 10%가 $\frac{10}{100}$ 을 의미한다는 사실을 전혀 알지 못했습니다. % 기호는 분수의 가로선과 100에 있는 두 개의 0으로 만들었다고 해요. 마르코의 도장처럼, 그것들을 적절히 섞어놓은 거라고 합니다. 마르코는 나중에 유명해질 때를 대비해 자기 이름의 머리글자인 M과 A가 들어간 도장을 만들었습니다〔마르코의 성은 아카르도(Accardo)거든요〕. 그걸 자기 그림에 모두 찍고, 일기장에도 찍는답니다.

4분의 3

저는 어른이 되면 크레인 기사나 해양생물학자가 되고 싶지만, 아직 결정한 것은 아닙니다. 크레인 기사가 좋은 이유는 크레인을 다룰 줄 알면 거대한 물건을 땅바닥에서 고층 건물의 꼭대기로 옮길 수 있어서입니다. 지난 일요일에 아빠와 남동생과 함께 집 근처에 새로 짓는 건물을 구경하러 갔다가 크레인을 보았습니다. (동생도 크레인 기사가 될 것 같아요. 그 아이도 저만큼이나 굉장히 좋아했거든요.) 해양생물학자가 될 수도 있습니다. 그러면 어디로 갈지 몰라 바닷가에서 헤매는 고래들을 보살펴줄 거예요. 둘 중에 무엇이 될지는 모릅니다. 그래서 선생님께서 바다에 대해 말씀하실 때는 열심히 귀를 기울이지요. 덕분에 저는 바다가 어마어마하게 넓다는 사실을 알았습니다.

선생님께서는 지구 표면의 $\frac{3}{4}$이 물로 덮여 있다고 말씀하셨습니다! 얼마나 많은 물고기가 있을지 상상해보세요……

그리고 선생님께서는 우리가 잘 이해하도록 네 조각으로 자른 예쁜 사과 하나를 생각해보라고 하셨습니다. 한 조각의 껍질 위에 아메리카 · 유럽 · 아프리카 · 아시아 등 모든 땅이 빈틈없이 아주 가까이 붙어 있고, 다른 세 조각의 껍질 위는 대양 · 바다 · 호수 등 모조리 물로 덮여 있습니다.

그런 다음, 선생님께서는 조금 큰 아이들에게 설명할 때처럼 리본을 하나 그리셨습니다. 맨 위에 100이 적힌 리본을 똑같이 네 부분으로 나누고 아래의 세 조각, 그러니까 75까지는 바다를 표현하는 하늘색을 칠하셨습니다. 남은 75에서 100까지는 육지와 비슷한 고동색을 칠하셨고요.

그러고는 말씀하셨습니다. "사실 우리 지구는 리본도 아니고, 사과도 아니에요……. 하지만 그림으로 그리면 더 쉽게 이해할 수 있답니다. 여러분도 그렇게 생각하죠? 보세요. 100까지 적힌 이 긴 리본의 $\frac{3}{4}$은 75와 일치하지요. 그래서 $\frac{3}{4}$ 대신에 75%라고 쓸 수 있답니다."

$$\frac{3}{4}=75\%$$

그러자 의사가 꿈이라서 인체 모형도 가지고 있는 마르코가 매우 흥미로운 이야기를 들려주었습니다. 우리 몸에도 아주 많은 물이 있다고 말이에요. 마르코는 조금 생각하더니 물이 우리 몸무게의 75%, 다시 말해서 $\frac{3}{4}$을 차지한다고 덧붙였습니다.

우리 지구의 $\frac{1}{4}$은 토양으로 덮여 있습니다.

우리 지구의 $\frac{3}{4}$은 물로 덮여 있습니다.

1월
2월
3월
} 등교 3개월

4월
5월
6월
} 등교 3개월

7월
8월
9월
} 방학 3개월!

10월
11월
12월
} 등교 3개월

우리가 학교에 있는 기간은 ······ 1년의 $\frac{3}{4}$입니다!

우리 몸의 $\frac{3}{4}$은 물로 이루어져 있습니다.

그러므로 몸무게가 40킬로그램인 마르코는 전체 몸무게에서 30킬로그램이 물로 이루어져 있습니다. 마르코는 그 내용을 읽고 나서 조금 실망했다고 합니다. 자기 근육은 강철 같다고 생각했는데 물이라니요……

집에 돌아온 저는 어떤 것의 $\frac{3}{4}$인 것을 찾기 위해 머리를 짜냈습니다. 그러다 더 이상 생각하지 않기로 한 바로 그때 하나가 떠올랐습니다. 학교생활은 1년의 $\frac{3}{4}$ 동안 계속됩니다!

사계절 중에서 가을·겨울·봄 이렇게 세 계절은 학교에서 공부하고, 나머지 계절인 여름은 방학이니까요. 9개월 일하고 3개월 놀고…… 이건 좀 너무한 게 아닌가 싶어요. $\frac{2}{4}$만큼 공부하고 $\frac{2}{4}$만큼 쉴 수도 있잖아요. 반반으로요.

초콜릿 3개를 4명의 아이에게 나눠주기

어느 날, 선생님께서는 친구네 가는 길에 그 집 아이들에게 줄 초콜릿을 세 개 가져가셨대요. 그런데 도착해보니, 놀러 온 한 아이가 더 있더랍니다. 그래서 골고루 맛있게 먹을 방법을 찾으셔야 했대요. 어떻게 하셨을까요?

선생님께서는 초콜릿 한 개를 4등분하셨습니다. 그리고 나서 아이들에게 $\frac{1}{4}$씩 나눠주셨습니다. 또 두 번째 초콜릿과 세 번째 초콜릿도 같은 방식으로 나누셨습니다. 그리하여 아이들은 각각 $\frac{1}{4}$ 더하기 $\frac{1}{4}$ 더하기 $\frac{1}{4}$, 다시 말해 초콜릿 한 개의 $\frac{3}{4}$씩을 가졌습니다.

선생님께서 이야기를 마치고 물으셨습니다. "이제 3 나누기 4가 $\frac{3}{4}$과 같다는 말이 이해되나요?"

(저는 이해했다고 생각하는데 다른 아이들은 모르겠어요.)

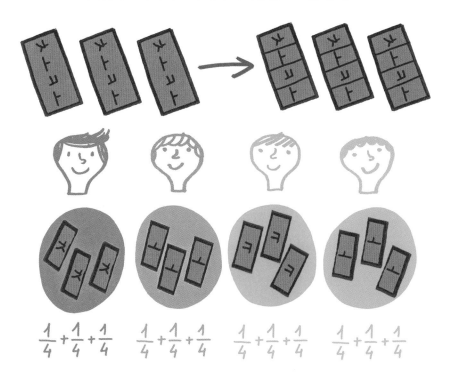

$$3 \div 4 = \frac{3}{4}$$

"그래서 나눗셈 기호 대신에 분수의 긴 선만 예쁘게 하나 그어도 됩니다. 둘은 같습니다."

믿을 수가 없어요! 갑자기 저는 계산기의 나눗셈 버튼을 떠올렸어요.

나눗셈 버튼은 딱 하나니까 둘 중에 무엇을 골라야 할지 고민할 필요가 전혀 없습니다. (이탈리아에서는 수식에서 나눗셈 기호를 :으로 표시하기도 한다—옮긴이)

할인을 조심하세요

다음은 선생님께서 직접 겪으신 일입니다. (선생님께선 사람들이 옳지 못한 일을 할 때면 늘 우리에게 자세히 설명해주십니다. 그

재치 있는 계산법

30% 구하기는 굳이 재치 있는 계산법으로 설명하지 않아도 될 것 같아요. 아까와 같은 방법이니까요. 10%를 찾아 거기에 3을 곱하면 됩니다. 그러니까 120의 30%는 12+12+12 하면 36이 되지요. 보세요, 아까랑 같잖아요. 그럼 40%는 직접 구해보세요!

러면 우리는 조심하고 나중에 같은 일을 당하지 않을 수 있어요.)

선생님께서 200유로짜리 물건(뭔지 지금은 기억이 잘 안 나요)을 하나 사러 상점에 가셨습니다. 판매원은 선생님께 30% 할인 판매 기간이라고 말했지요. 그래서 선생님께서는 속으로 60유로를 덜 내겠구나 하고 생각하셨습니다.

그런데 선생님께서 계산하려 할 때, 계산원이 20% 할인한 값에 10%를 더 할인했다고 말했습니다. 그래서 선생님께서는 화

를 냈다고 하셨습니다. 그렇지만 우리는 이유를 알 수 없었습니다. 마르타가 선생님께 여쭤보았습니다. "선생님, 30은 20과 10의 합인데, 왜 화를 내셨어요?"

선생님께서 대답하셨습니다. "여기에 어떤 함정이 있는지 알아볼까요?"

"네, 설명해주세요!"

"함정은 다음과 같아요. 만약 200유로의 20%를 계산하면 40유로죠. 그러면 160유로가 남아요. 이제 이 160유로에서 10%를 할인하면, 16유로를 더 할인해준다는 뜻이에요. 그래서 60유로가 아니라 다 합해 56유로를 덜 내라는 말이랍니다! 이해되나요? 20%는 전체 금액에서 할인했지만 10%는 할인하고 남은 금액에서 할인하니까 이런 값이 나온 거예요! 이런 건 미리 말해줬어야죠……." 우리 선생님이 화를 내실 만했네요. 선생님께서 이 이야기를 해주셔서 참 다행이에요.

친척 관계

잘 모르는 사람을 어떤 사람이라고 하듯이, 우리는 잘 모르는 수를 늘 n이라고 합니다. 그런가 하면 어떤 사람을 알고 나면 그 사람의 부모님, 사촌, 사촌의 동생까지도 알 수 있습니다. 같은 일이 n에게도 일어납니다. 만약 n의 정체를 알아낸다면 n의 친척도 모습을 드러내지요. n의 두 배인 2n, n의 반인 n÷2, n의 반대인 −n…….

오늘 선생님께서 말씀하셨습니다. "**n의 역수**라고 하는, n의 또 다른 친척을 여러분에게 소개할 순간이 왔어요. 이름이 좀 어렵긴 하지만 매우 도움이 되지요. n의 역수를 찾으려면 1을 n으로 나누기만 하면 됩니다."

저는 제 사촌 토머스를 떠올렸습니다. 미국 아이라서 이름이 어렵긴 하지만 무지하게 재미있는 친척입니다. 걔가 성탄절을

보내러 왔을 때, 우리는 정말 즐겁게 놀았어요. 누가 영어로 "$\frac{1}{5}$이 5의 역수다"는 말을 할 줄 알았겠어요?

수 가족은 지금도 늘어나고 있어요

"수 가족은 계속 늘어난다." 제가 정말 좋아하는 말입니다. 가족끼리 싸우지만 않았으면 좋겠어요. 제 생일 때 사촌들이 축하하러 왔었는데, 놀이에서 서로 이기려다 결국 말싸움이 벌어졌거든요.

처음에는 이 수들만 있었습니다.

1 2 3 4 5 ...

이어서 음수를 만들어줄 − 기호를 단 친척들이 왔습니다.

$\cdots -5 \ -4 \ -3 \ -2 \ -1$

올해는 갑자기 먼 곳에서 분수 친척들이 짠! 하고 나타났어요.

$$\frac{1}{2} \quad \frac{1}{3} \quad \frac{1}{4} \quad \frac{1}{5} \quad \frac{2}{3} \quad \frac{3}{4} \cdots$$

우리는 새로 배운 수까지 수직선 위에 늘어놓아 보았습니다. 조금 어렵긴 했어요. 이번에 배운 분수는 0과 1 사이에 모두 넣어야 하거든요.

그때 자리를 조금 넓힐 생각이 떠올랐습니다. 만약 분수를 더 집어넣고 싶다면 확대하면 됩니다. 계속, 계속 더 넓게……. 사실 분수는 끝이 없거든요.

역시 할머니 말씀이 옳아요. 늦게 오면 안 좋은 자리를 차지하게 마련입니다.

자매분수

우리는 운이 좋았어요! 어머니의 날 공연은 3학년 E반이 맡았습니다. 정말 멋진 순간이었어요. 한 아이가 제비를 뽑고 "E"라고 말했을 때, 우리는 모두 하나같이 큰소리로 외쳤지요.

오늘 선생님께서는 우리에게 자매분수에 대해 설명해주셨습니다. 원래 이름은 **등가분수**이지만 별로 예쁜 이름이 아닙니다. 생김새가 달라도 곰곰이 생각해보면 양이 같아요. 그러니 같은 값이라는 걸 깨닫게 되는 분수가 바로 이것입니다. 우리는 분수 $\frac{1}{2}$과 $\frac{2}{4}$를 공부했을 때부터 이미 알고 있었어요.

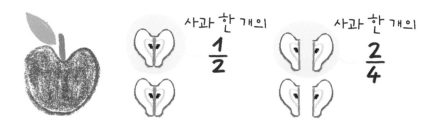

둘 다 사과의 반이잖아요!

52

우리는 $\frac{1}{2}$의 자매분수들을 생각해보기 시작했어요. 저는 $\frac{4}{8}$와 $\frac{3}{6}$을 생각했고, 비안카도 저와 같은 분수들을 생각했다는 기쁜 사실을 알았습니다! 아무래도 비안카가 저를 조금 좋아하는 것 같아요. 저, 기대해도 되겠지요?

그러고 나서 우리는 $\frac{1}{3}$의 자매분수들을 생각해봤습니다. 처음에는 몹시 어려웠지만, 어느 순간부터 방법을 알았습니다. 분자 자리엔 좋아하는 수를 넣을 수 있지만, 분모 자리에는 분자의 세 배가 되는 수를 넣어야만 합니다. 이렇게요.

선생님께서 말씀하셨습니다. "등가분수는 형태나 모양이 여러 가지이지만 본질은 같아요."

저는 슈퍼마켓에서 계산원이 1유로를 50센트 동전 두 개로 바꿔 줄 때도 이런 일이 일어난다는 생각을 했습니다. 모양은 다르지만, 어차피 똑같은 1유로잖아요! 우리는 쇼핑카트를 쓸 때 이렇게 동전을 바꿉니다. 카트를 빌린 뒤 저는 동생을 그 안에 태우고는 있는 힘껏 밉니다. 물론 다칠 만큼 험하게 몰지는 않지요.

모두 이어져 있어요

작년에 선생님께서 우리 학교에 오셨을 때, 우리는 학교 구석 구석까지 선생님을 모시고 다녔습니다. 도서관, 미술실, 체육관, 컴퓨터실까지요. 그런데 선생님께서 가장 좋아한 곳은 뜻밖에도 운동장이었습니다! 우리는 정말 신이 났습니다. '정말 다행이야. 노는 걸 좋아하는 선생님께서 오셨어.'

오늘 우리는 운동장 바닥에서 정말 멋진 실험을 했고, 자매분수에게만 일어나는 매우 흥미로운 현상을 발견했습니다.

아이들은 각자 분수 하나씩을 선택했고, 빨간색 지점에서 출발해 분모 수만큼 오른쪽으로, 분자 수만큼 위로 한 칸씩 움직였습니다. 어떻게 되었을까요? 자매분수를 고른 아이들이 모두 나란히 서 있었답니다! 우리를 줄로 연결해보니 똑바른 선이 만들어졌어요.

우리는 분수 $\frac{1}{2}$, $\frac{2}{4}$, $\frac{3}{6}$, $\frac{4}{8}$를 선택했습니다.

하지만 $\frac{2}{7}$를 고른 마티아는 줄에서 빠졌습니다.

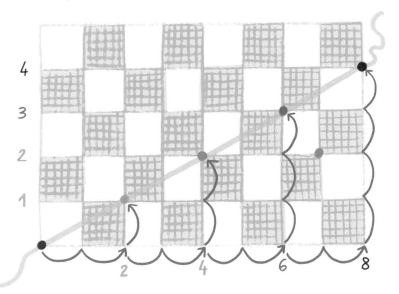

재치 있는 계산법

손쉽게 어떤 수의 5%를 찾는 방법입니다.

누구나 다 아는 10%를 먼저 계산하세요. 그러고 나서 그것을 반으로 나누면 됩니다.

180의 5%를 구해볼까요? 180의 10%인 18을 반으로 나누면 9가 나옵니다.

그러면 모두들 놀라서 말할걸요. "이 아이는 백분율을 어떻게 이렇게나 빨리 계산하지!"

베아트리체의 방식

올해는 베아트리체도 꽤나 공부를 잘합니다.

선생님께선 베아트리체에게 "자신감을 잃지 말렴. 나중엔 잘하게 될 테니"라고 기운을 북돋아주셨었죠. 선생님의 말씀대로였습니다. 오늘은 베아트리체가 자매분수를 더 빨리 찾았습니다. 베아트리체가 자기만의 방식을 찾았거든요. (오빠한테 들었는지도 모르지만요.)

어떻게 했느냐 하면요, 먼저 아무 분수나 하나를 고릅니다. 예를 들어, 케이크 한 판의 $\frac{3}{4}$을 고르고 위아래에 각각 2를 곱하면 $\frac{4}{8}$가 됩니다. $\frac{3}{4}$의 자매분수이지요.

자매분수를 찾는 멋진 방법이죠!

그림을 그려보면 바로 이해가 됩니다! 케이크 한 판을 4조각 대신에 8조각으로 나누고, 3조각 대신 6조각을 가져가면 같은 양을 가져간 것입니다. 케이크 조각의 크기는 처음에 비해 반으로 줄었지만 개수는 두 배로 늘었으니까요!

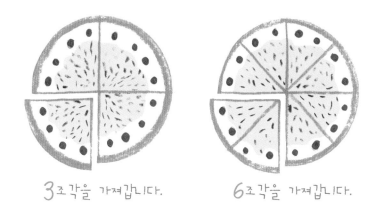

3조각을 가져갑니다.   6조각을 가져갑니다.

$\frac{3}{4}$의 위아래에 각각 3을 곱해서 $\frac{9}{12}$를 만들 수도 있습니다. 자매는 계속 늘어납니다. 위아래에 원하는 숫자를 곱하기만 하면 한쪽 눈을 감고도 $\frac{3}{4}$의 자매분수를 만들어낼 수 있습니다. 선생님께서는 우리에게 이 법칙을 받아쓰라고 하셨습니다. "어떤 분수의 분자와 분모에 각각 같은 수를 곱하면, 등가분수를 얻는다." ('분자와 분모'는 분수의 '위아래'를 의미한다고 선생님께서 가르쳐주셨습니다.)

아, 베아트리체가 자기의 방식을 설명하는데, 문득 마르코 쪽을 보니 아주 으스대고 있지 뭐예요.

소피아

소피아는 새로 전학 온 친구입니다. 처음엔 부끄럼을 많이 타서 말도 잘하지 않았습니다. 하지만 모든 아이들이 친구가 되고 싶어 한다는 걸 알고는 말도 하고 조금 웃기도 했습니다.

소피아는 폴란드에서 왔고, 이탈리아어는 그럭저럭 말합니다. 하지만 수와 분수는 매우 잘 알고 있습니다.

선생님께서 말씀하셨습니다. "사실 수학은 만국 공통어랍니다. 외국인이라도 수는 이해할 수 있어요. 여러분은 그것에 대해 전혀 생각해본 적 없죠?" 그러게요. 저는 그것에 대해 생각해본 적이 없었어요. 다른 아이들은 어떨지 모르지만요.

소피아가 좋아하는 과목이 수학이라고 말했을 때, 선생님께서

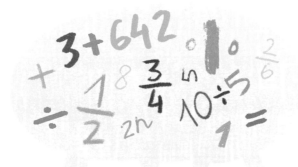

는 우리에게 아주 아름다운 이야기를 해주셨습니다. 이제부터 그 이야기를 들려줄게요.

소피라는 이름의 소녀가 있었습니다. (프랑스에서는 소피아를 소피라고 불러요.) 소피는 아주 오래 전 프랑스혁명이 일어났을 때 파리에 살고 있었습니다. 이 소피도 수학을 잘했고, 훌륭한 과학자 아르키메데스의 슬픈 이야기를 읽고부터는 수학에 깊이 빠져들었습니다. 아르키메데스는 로마군이 자기를 죽이러 왔을 때에도 기하학 연구를 하고 있었다고 해요. 소피는 기하학과 수를 공부하고 싶었지만, 그때는 여자들이 대학에 다닐 수 없었습니다.

우리는 입을 다물지 못했습니다. 그런 말도 안 되는 이야기는 처음 들었거든요!

하지만 소피에게는 방법이 있었습니다. 소피는 남자인 척하고 르블랑, 이탈리아어로 비안키라는 남자 이름을 지었습니다.

소피는 여자라는 사실을 들킬까봐 강의를 들으러 가지 못하고 혼자 공부해야만 했습니다. 그래서 이해가 안 되거나 뭔가를 발견했지만 확신하지 못할 때, 유명한 교수가 된 독일인 프리드리히 가우스에게 바로 편지를 썼습니다. 소피는 늘 이렇게 편지를 끝맺었지요. "고맙습니다. 건강하세요. 르블랑." 그러면 프리드리히는 도움이 되는 말을 적어 보내주었습니다.

한편 소피가 프리드리히의 생명을 구해준 멋진 일도 있었습니다. 나폴레옹이 프리드리히의 나라를 침공하는 사건이 일어났습니다. 그러자 소피는 아르키메데스처럼 군인들이 프리드리히를 죽일까봐 프랑스 사령관에게 그를 보호해달라고 부탁했습니다. 프리드리히를 만난 사령관은 도움을 요청한 소피에게 감사해야 한다고 말했지만, 프리드리히는 소피가 누군지 몰랐습니다. (아예 모르는 이름이었으니까요.)

그래서 소피는 프리드리히에게 편지로 르블랑이 바로 자신이라고 밝혔습니다.

프리드리히는 매우 놀랐고, 여자지만 자기가 강의하는 대학에서 소피에게 학위를 주기를 바랐습니다. 그러나 몹시 안타깝게도 소피는 많이 아파서 학위를 받기 전에 세상을 떠났습니다.

이 이야기는 저를 조금 슬프게 했습니다. 너무 불공평한 이야기잖아요.

또 다른 소피아

선생님께서는 유감스럽게도 옛날에는 여자들이 대학에 갈 수 없었기 때문에 수학계에 우수하고 유명한 여자가 아주 드물다고 말씀하셨습니다. 그래도 소피아가 한 명 더 있었는데, 100년인가 200년 전에 살았던 러시아 소녀랍니다. 프랑스인 소피처럼 러시아인 소피아도 정말 좋아하는 수학을 공부하기 위해 수많은 어려움을 이겨내야만 했답니다.

선생님께서는 세상엔 꼭 닮은 사람이 셋은 있다는 말처럼 우리 반의 소피아도 우수하고 유명하게 될 거라고 말씀하셨습니다.

물론이지요! 우리 소피아도 수학이라면 아주 많이 아는걸요. 두 개의 분수가 자매인지 아닌지 알아보는 방법까지 안다니까요.

이렇게 해보세요. 두 분수 $\frac{2}{6}$와 $\frac{5}{15}$를 나란히 놓고 대각선에 위치한 수끼리 곱해요. 2×15와 5×6. 만약 두 셈값이 같다면 그 두 개의 분수는 자매입니다. 아주 재치 있는 방법이에요.

곧장 이 방법을 써보니 $\frac{1}{4}$과 $\frac{3}{12}$은 자매분수더라고요. 전 오늘부터 만날 이렇게 할 거예요.

$$\frac{2}{6} \times \frac{5}{15} \qquad 6 \times 5 = 30 \qquad 2 \times 15 = 30$$

재치 있는 계산법

오늘 소피아는 순식간에 140의 15%를 계산했습니다. 곧바로 21이라고
대답하지 뭐예요. 저는 좀 생각해보고 나서야 소피아가 쓴 방법을 이해
했습니다. 140의 10%는 14이고, 그러면 5%는 14의 절반인 7이겠지요.
소피아는 14에 7을 더해서 140의 15%인 21을 구했습니다.
어디를 보나 재치 있는 계산법입니다.

5분의 행복

오늘의 첫 수수께끼는 무척 쉬웠어요.

흰 구슬을 뽑으면 이긴답니다. 어떤 상자에서 뽑아야 하는지
여러분이 귀띔해줄래요?

비안카가 손을 들었습니다. "어느 하나를 고를 수 없어요. 두 상자 모두 안에 검은 구슬이 흰 구슬보다 세 배 더 들어 있어요!"

베아트리체도 손을 들었습니다. "두 상자 모두 흰 구슬이 검은 구슬의 $\frac{1}{3}$씩 들어 있어요. 그러니까 이 상자나 저 상자나 마찬가지예요."

우리 모두 그렇게 생각한다고 대답했습니다. 쉬운 문제니까요!

"잘했어요!" 선생님께서 말씀하셨습니다. "둘 중 흰 구슬을 뽑기에 더 유리한 상자는 없어요. $\frac{1}{3}$과 $\frac{2}{6}$는 자매분수니까요! 더 낫고 더 못한 쪽이 없어요……."

하지만 어려운 수수께끼는 이제부터 시작이었습니다.

만약 두 상자 중 하나에 흰 구슬과 검은 구슬을 각각 하나씩 더 넣을 수 있다면 여러분은 어떤 상자에 넣으라고 말해줄 건가요?

처음에 저는 조금 머리가 어지러워서 어떻게 해야 하는지 하나도 이해하지 못했습니다. 나중에는 마르코와 함께 고민해보았습니다. 우리는 진짜 상자가 있다고 가정했습니다. (저는 직접 구슬을 그렸어요.) 만약 첫 번째 상자에 구슬을 넣는다면 상자에는 흰 구슬 2개와 검은 구슬 4개가 들어 있게 되고, 흰 구슬은 검은 구슬의 절반이 됩니다. 두 번째 상자에 구슬을 넣는다면

흰 구슬 3개와 검은 구슬 7개가 들어 있게 되지요. 그런데 3은 7의 절반이 아니며, 7의 절반보다 더 작습니다!

우리는 첫 번째 상자에 두 구슬을 넣고 바로 그 상자를 선택해야 한다는 사실을 알아차렸습니다. 과연 흰 구슬을 뽑는 데 성공할지 못 할지는 모릅니다. 운에 맡겨야겠지요. 그래도 행운을 안겨줄 일은 모두 다했습니다. 사람은 노력하는 대로 이루는 법이고, 이렇게 열심히 하면 다음번에도 해낼 수 있을 것입니다. 선생님께서는 실제로 한 도박사가 수학자에게 조언을 구한 적이 있다고 말씀하셨습니다.

아주 오래 전의 일이라고 합니다. 그날부터 그 수학자는 내기에서 이길 확률을 높이는 방법을 연구했고, 중요한 법칙을 많이 발견했습니다.

그 분도 유명한데, 이름이 기억나지 않네요.

베아트리체는 카를라와 자매입니다

"베아트리체가 카를라와 자매라면, 카를라는 베라트리체와 자매이다." 제게 아주 당연한 말인데, 선생님께서는 공책에 이 문장을 써보라고 하셨습니다.

그러고는 우리에게 필기를 시키셨습니다.

$\frac{2}{3}$는 $\frac{4}{6}$와 같고 $\frac{4}{6}$는 $\frac{2}{3}$와 같다.

"선생님, 당연하잖아요!" 마르코가 외쳤습니다.

"맞아요, 당연해요." 선생님께서 대답하셨습니다. "그런데 등가분수가 어떻게 만들어지는지 이해했으니 두 가지 작업을 수행할 수 있어요. 분모와 분자에 같은 수를 **곱하거나**, 분모와 분자를 같은 수로 **나누는** 거예요."

$\frac{1}{5}$은 $\frac{3}{15}$과 같다. $\frac{5}{20}$는 $\frac{1}{4}$과 같다.

날씬해지는 법

모든 자매분수 중에서 특별한 분수가 하나 있습니다. 간단한
깃발을 든 분수를 찾아보세요.

사실 가장 작은 수로 이루어진 깃발을 든 분수는 엄청나게 간
단합니다! 이 분수를 찾으려면, 위아래를 같은 수로 나누고 또
나누기만 하면 됩니다. 비안카는 분수가 이 방법으로 다이어트
를 한다고 말했습니다.

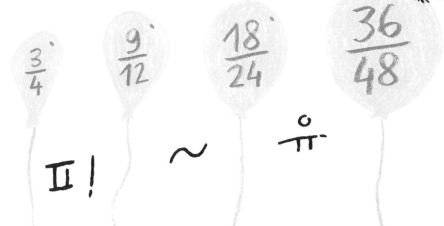

맞는 말입니다. $\frac{36}{48}$을 예로 들어보겠습니다.

먼저 위아래를 2로 나누면 $\frac{18}{24}$이 됩니다. 조금 간단해졌습니다. 2로 한 번 더 나누면 $\frac{9}{12}$를 얻게 됩니다. 하지만 더 날씬하게 만들 수 있으니 3으로 나눠서 $\frac{3}{4}$까지 만듭니다.

이렇게 분수가 **가장 작은 수까지 나뉘었으니** 이쯤에서 그만두어야 합니다. $\frac{36}{48}$은 이제 계산하기 쉬운 $\frac{3}{4}$이 되었고, 그러면서도 양은 같으니 기분 좋습니다. 이것이 바로 수학의 멋진 점이랍니다.

광고에 속지 마세요

우리 선생님께서는 잘못된 일을 찾아내는 특별한 능력을 가지셨습니다. 공항에서 아주 많은 마약을 찾아낸 흰색과 갈색 무닉 탐지견에게 주는 메달을 드려야 할 것 같습니다. 어제는 이런 이야기를 들려주셨습니다. 통신사에서 선생님께 전화를 걸어 이렇게 말했습니다. "10유로를 미리 결제하시면 5유로어치를 더 제공합니다. 반값을 아낄 수 있어요!"

그러자 선생님께서 말씀하셨습니다. "사기 치지 마시죠! 반값을 아끼는 게 아니라 3분의 1만큼을 아끼는 거잖아요!"

이 말은 이해하기 조금 어려웠습니다. 저는 휴대전화가 없지만, 선생님께서 정말 절반을 아낄 수 있을 것 같았지요. 반 친구들도 그렇게 생각했고요. 그러자 선생님께서는 실제 돈으로 무슨 말인지 설명해주셨습니다. "5유로는 3분의 1일 뿐이에요. 추가로 제공받는 것까지 총 15유로어치니까 절반이 아닌 거랍니다!" 선생님께서 힘주어 말씀하셨습니다.

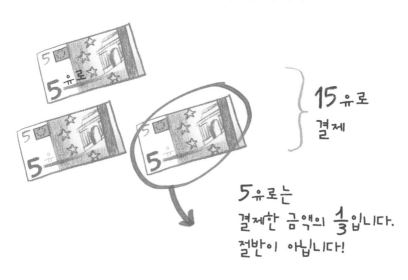

15유로 결제

5유로는 결제한 금액의 $\frac{1}{3}$입니다. 절반이 아닙니다!

재치 있는 계산법

이 계산법은 글로 쓸 필요가 전혀 없습니다. 아주 쉬워요. 어떤 것의 절반은 그것의 50%입니다. 사실 50%는 $\frac{50}{100}$ 을 의미하고, 이것은 바로 $\frac{1}{2}$ 입니다. 하지만 저는 50%라고 씁니다. 영화 속 어떤 사람들은 50%씩 돈을 나누고 싶을 때 이렇게 말합니다.

"오십 대 오십으로 하지."

저는 아주 큰 아이스크림의 50%를 먹었습니다.

제 물고기들에게 상자 속 사탕의 50%를 줄 것입니다.

비안카의 인형은 50% 대 50%입니다.

50%

셋 중 하나

저는 마르코와 마티아랑 마음이 잘 맞습니다. 선생님께서는 우리를 '삼총사'라고 부르십니다. 교실 청소를 할 때, 우리는 눈 깜짝할 사이에 모여 종이를 분리수거합니다. 칠판을 깨끗이 지우는 무리가 있는가 하면 어떤 아이들은 책상과 의자를 보기 좋게 줄을 맞춥니다. 그러는 동안 비안카, 다비데, 안드레아는 모이기만 하면 수다를 떠느라 식당에 늦게 도착합니다.

우리를 갈라놓는 것은 운동뿐입니다. 우리 셋 중에 저 혼자만 럭비를 하고, 다른 두 친구는 축구를 고집합니다.

아빠는 럭비가 아직 많이 알려지지 않아서 하는 사람이 몇 안 되고, 여자아이는 아예 한 명도 없다고 말씀하셨습니다. 그렇더라도 셋 중 하나가 한다는 것은 좋은 일이라고 하셨습니다. 그리고 아빠가 말씀하시는 동안 저는 아주 중요한 사실을 알았습니다!

셋 중 하나는 분수 $\frac{1}{3}$ 이었어요. 하나는 가로선 **위**의 1이고, 셋은 **아래**의 3이고요.

그럼 '중'이 무엇인지도 알겠죠?

바로 한 명은 세 명의 $\frac{1}{3}$ 입니다. 선생님께서 이런 말씀을 하셨습니다. **"분수는 분자와 분모 사이의 관계를 설명해줍니다."**

$\frac{1}{10}$ 에서 1은 10을 열 개로 나눈 것 중 한 부분이라고 할 수 있어요. 어쨌든 친구들이 제 이야기를 듣고 럭비를 하고 싶어 하면 좋겠습니다. 그러면 럭비 경기장에서 함께 연습할 수도 있을 텐데요. 동생이랑 하는 것은 어떻겠느냐고요? 거친 몸싸움은커녕 공을 끌어안지도 못하는 애인걸요.

수평선에 걸린 해

가끔 저와 마르코는 의견이 완전히 갈립니다. 마르코는 꼭 자기가 옳다며 죽도록 우기는데 그러면 저는 그냥 "네 말이 맞아"라고 말해줍니다. 그렇잖아도 동생을 울리지 않으려고 자주 하는 말인걸요.

그렇지만 오늘은 마르코가 확실히 틀렸습니다. 《묻고 답하기 백과사전》에서 읽은 '수평선에 걸린 해' 때문에 말다툼을 벌였거든요. (할머니께서 성탄절 선물로 그 책을 사주셔서 다행이에요.) 문제는 이렇습니다. "왜 해가 수평선이나 지평선과 아주 가까이 있으면 하늘에 떠 있을 때보다 더 커 보일까?" 마르코는 해와 지구가 가까워져서 더 커 보이는 것이라고 말했습니다. 그런데 책에는 마르코의 말이 틀렸다고 나와 있었습니다. 해는 늘 같은 거리에 있고, 따라서 더 큰 게 아니라 더 크다는 기분이 드는 것뿐이라고요.

마르코가 제 말을 믿지 않아서 우리는 선생님 댁까지 찾아갔습니다. 선생님께서 마르코에게 설명을 해주셨습니다. "태양이 수평선이나 지평선에 걸쳐 있으면 바다나 산과 비교할 수 있지. 그래서 해가 얼마나 큰지 깨닫는 거란다. 언제라도 비교를 해보면 이해하기가 한결 쉬워."

이쯤 되면 자기가 틀렸다고 인정해야 할 텐데요. 마르코는 어찌나 뻔뻔하던지…….

개미는 큰 걸까 작은 걸까

오늘 선생님께서는 우리를 혼란에 빠뜨리셨습니다. "개미는 큰가요, 작은가요?"

"작아요!" 우리는 입을 모아 대답했습니다.

"그렇다면 미생물은 뭐라고 할까요?"

"커요!" 우리는 바로 대답을 바꿨습니다.

베아트리체는 "아주 크다"고 대답했습니다. (걔네 집에는 현미경이 있거든요.)

하여튼 우리는 사물이 큰지 작은지 전혀 말할 수 없습니다.

선생님께서 왜 그런지 설명해주셨습니다. 만약 가족 10명 중 5명이 병에 걸린다면 심각한 문제입니다. 그렇지만 5000명이 사는 마을에서 5명이 병에 걸린다면 대단치 않은 일이지요. 5 자체로는 큰지 작은지를 판단할 수 없어요.

이제 확실히 이해했습니다. 사물이나 수의 가치는 비교를 해야 알 수 있습니다. **두 수를 비교하려면 분수를 만들어봐야 합니다.**

5를 10과 비교하면 10 가운데 5입니다.

$$\frac{5}{10}$$

반면에, 5를 5000과 비교하면 5000 가운데 5입니다.

$$\frac{5}{5000}$$

만약 위아래를 각각 5로 나눈다면, 분수는 아주 간단해지고 큰 차이점을 발견하게 됩니다. $\frac{1}{2}$은 $\frac{1}{1000}$보다 훨씬 크다는 거죠.

개미는
미생물과 비교하면
거인이나 다름없어요!

으흐흐흐

재치 있는 계산법

백분율 박사가 되려면 '$\frac{25}{100}$는 $\frac{1}{4}$이니까 25는 100의 4분의 1. 그러므로 어떤 수의 25%는 그 수의 4분의 1'이라는 것을 순식간에 떠올릴 수 있어야 합니다. 280을 예로 들어볼게요. 280을 2로 나누고 또 한 번 2로 나눕니다. 그러면 4로 나눈 셈이지요. 이렇게요.

$280 \div 2 = 140$

$140 \div 2 = 70$

따라서 70은 280의 25%입니다. 쉬워요.

남동생의 나이

두 수의 크고 작음을 판단하려면 뺄셈을 합니다. 제가 동생보다 더 크다고 말할 때처럼요. 저는 네 살밖에 안 된 동생보다 네 살이나 더 많거든요.

$8 - 4 = 4$

하지만 두 수를 비교하는 방법이 또 있습니다. 이 방법은 어떤 수가 다른 수의 부분일 때 사용합니다.

예를 들어, 남동생의 나이는 제 나이의 절반입니다.

4살

$\frac{1}{2}$ $\frac{1}{2}$

8살

실제로 8 가운데 4는 바로 $\frac{1}{2}$입니다. 즉 $\frac{4}{8} = \frac{1}{2}$.

하지만 제가 20살일 때 동생은 16살이 될 거예요. 동생 나이와

제 나이를 비교해보면 $\frac{16}{20}$, 다시 말해 $\frac{4}{5}$입니다.

제 동생의 나이는 저의 $\frac{4}{5}$일 거예요.

16 살

$\frac{1}{5}$ $\frac{1}{5}$ $\frac{1}{5}$ $\frac{1}{5}$ $\frac{1}{5}$

20 살

저희 할머니는 늘 옳은 말씀만 하십니다. "네 동생이 너보다 나이가 많을 일은 없지만, 갈수록 더 가까워질 게다." 그렇다면 우리는 더 친해질 테고 짓궂은 짓을 하지 않을 것입니다.

제 편 좀 들어주세요!

우리 할머니께서는 동생 편을 드실 때가 많습니다. 이렇게 말씀하시면서요. "의젓하게 굴어야지. 쟤는 어린아이잖니." 그래서 동생이 제 게임기를 가지고 놀게 내버려둬야 합니다. 망가뜨릴 수도 있는데도요. 동생이 게임기를 막 다루는 것을 보면 온몸이 부들부들 떨립니다. 그런데 왜 동생에게는 "착하게 굴럼. 형이 더 크잖니"라고 말씀하지 않으실까요? 저는 동생보다 나이가 두 배나 많습니다. 그러니까 동생한테 형 대접을 받아야 합니다. 적어도 제 게임기만이라도 말이에요…….

동생이 16살 때, 어쨌든 저는 20살의 어엿한 어른이 될 것입니다. 운전면허도 따면 더 좋고요.

선생님께서도 한마디 하셨습니다. "모든 것은 보는 관점에 따라 달라진답니다." 동생의 나이는 제 나이와 비교했을 때 $\frac{4}{5}$ 이지만, 제 나이는 동생 나이와 비교했을 때 $\frac{5}{4}$ 입니다. 흠, 나이를 분수로 설명하게 될 줄은 몰랐네요.

$\frac{5}{4}$는 제가 형이라는 사실을 바로 알려주었습니다. $\frac{5}{4}$는 제 나이가 동생 나이 전부에다가 $\frac{1}{4}$이 더 많다는 의미입니다.

제 나이는
동생 나이와 비교했을 때
$\frac{5}{4}$입니다.

20 살

$\frac{1}{4}$ $\frac{1}{4}$ $\frac{1}{4}$ $\frac{1}{4}$

16 살

$\frac{5}{4}$ = 1 전체와 $\frac{1}{4}$

수직선을 보더라도 $\frac{5}{4}$가 1보다 더 크고, 실제로 1과 2 사이에 있습니다.

재치 있는 계산법

만약 어떤 수의 60%를 계산해야 한다면, 가장 빨리 풀 수 있는 방법이 있습니다. 그 수의 반을 구하고 원래 수의 10분의 1을 더하는 거예요. 그래서 160의 60%는 80+16, 다시 말해 96입니다. 이제 다 알았죠?

피타고라스 밴드

저는 내년에 기타를, 마티아와 마르코는 드럼을 배우고 싶어 합니다. 그러면 우리는 나중에 그룹을 결성해서 유명해질 수도 있습니다. 어떤 아이의 방 침대맡 벽에 우리 포스터가 붙어 있을지도 모르지요. 〔제 방에는 〈늑대 루보(Lupo Alberto)〉(이탈리아의 애니메이션─옮긴이)의 포스터가 붙어 있습니다.〕

우리는 아직 그룹의 이름을 짓지 않았습니다. 선생님께서는 '피타고라스 악단'이라는 뜻의 '피타고라스 밴드'라는 이름을 추천해주셨어요. 피타고라스는 최초로 음악 이론을 만들고, 음계를 발견한 사람이라고 합니다. 그것도 2500년 전에요! 그 업적은

존경받아 마땅합니다. 만약 더 세련된 이름이 머릿속에 떠오르지 않는다면 우리는 '피타고라스 밴드'라고 이름 지을 거예요.

피타고라스는 수학에 매우 뛰어났고, 모든 것은 수로 이루어졌다고 생각했습니다. 피타고라스는 늘 이렇게 말했습니다. "만물의 근원은 수이다."

또 아이들에게 수학을 가르치기 위해 학교를 설립했는데, 터무니없는 말을 하고 다녔다고 합니다. "가난뱅이들은 2년 동안 입 다물고 살아야만 해! 2년 동안!" 저는 이 말을 듣고 우리 선생님은 성녀나 다름없다고 생각했습니다. 우리는 선생님께서 교실에 들어오시면 5분 동안은 아주 조용히 있지만 곧 더 이상 가만히 있지 못하고 떠들기 시작합니다. 작은 소리로라도요. 그래도 선생님께서는 우리에게 뭐라고 하지 않으십니다.

더군다나 피타고라스는 잠두콩을 싫어해서 학생들조차 잠두콩을 먹을 수 없었습니다. (무슨 이유에서인지는 아무도 모릅니다.) 어쨌든, 선생님께서는 피타고라스가 대단히 중요한 이론을 발견해서 아주 유명하다고 말씀하셨습니다.

하루는 피타고라스가 학생들과 산책을 하고 있었습니다. (당시에는 교실이 없어서 야외에서 공부를 했다고 합니다. 부러워요.) 그들은 대장간 근처를 지나다 망치를 모루에 내리치는 소리를 들었습니다. 그 소리는 불쾌한 소음이 아니라 음악처럼 정말 아름다웠습니다. 피타고라스는 대장간에 들어가서 그 망치들을 보고 싶었습니다. 망치들은 모두 달랐습니다. 망치들의 무게를 재어보니 12, 9, 8, 6이라는 결과가 나왔습니다. (킬로그램인지 당시 사용하던 단위였는지는 모르겠어요.) 피타고라스는 기뻐서 껑충껑충 뛰면서 큰소리로 외쳤습니다. "지금 내 귀에 들린 음악 이야기를 한 겁니다. 내일 여러분에게 이유를 설명해줄게요."

우리 선생님께서도 내일 왜 이 수들이 특별한지 설명해주실 거예요. 우리는 가는 줄, 길고 작은 나무판, 못 두 개를 가져가야 합니다. 저와 마르코는 오후에 준비물을 사러 철물점에 같이

가기로 했지만, 그보다 먼저 경기장부터 들렀습니다. 저는 마르코에게 태클 기술을 가르쳐주고 조금 연습해보았습니다. 저는 마르코에게 태클을 걸고, 마르코는 제게 태클을 걸면서요.

음악의 발견: 분수를 이용하세요!

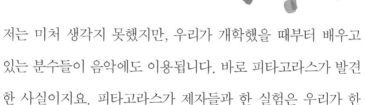

저는 미처 생각지 못했지만, 우리가 개학했을 때부터 배우고 있는 분수들이 음악에도 이용됩니다. 바로 피타고라스가 발견한 사실이지요. 피타고라스가 제자들과 한 실험은 우리가 한 것과 같았어요.

우리는 나무판의 양 끝에 못을 박고 가는 줄을 팽팽하게 못에 묶었습니다. 그러자 줄 하나가 달린 기타 같은 물건이 만들어졌습니다. 이렇게요. 아, 깜빡했네요. 나무판은 12칸으로 나누어놓았습니다.

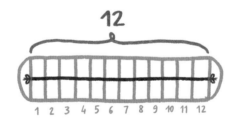

이 이상한 모양의 기타 4개를 만들었습니다. 선생님께서는 비안카, 베아트리체, 다비데, 줄리아를 불러 무언가를 시키셨습니다.

비안카는 줄 전체를 튕깁니다.

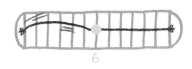

베아트리체는 그 절반 부분을 튕깁니다.

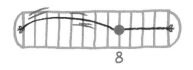

다비데는 $\frac{2}{3}$ 부분을 튕깁니다.

줄리아는 $\frac{3}{4}$ 부분을 튕깁니다.

그러자 아주 달콤하고 조화로운 소리가 흘러 나왔습니다. 피타고라스의 망치들과 마찬가지로요! 그래서 우리는 모든 것이 12, 9, 8, 6이라는 수들 사이의 관계에 따라 달라졌다는 것을 이해했습니다.

12가 전체라면

6은 12의 $\frac{1}{2}$이에요.

8은 12의 $\frac{2}{3}$입니다.

9는 12의 $\frac{3}{4}$이지요.

이것이야말로 피타고라스가 우리를 둘러싼 모든 것이 수로 이루어졌다고 거듭거듭 말한 이유입니다!

음악처럼 눈에 보이지 않는 것까지 모든 것이 말이지요. 하지만 수들 사이의 관계, 다시 말해 분수들 사이의 관계가 가장 중요하다는 것도 알게 되었습니다.

우리 조는 피타고라스에 관한 포스터에 멋진 문장을 하나 넣었습니다. 우리 생각이 조금 들어갔고, 선생님의 도움도 조금 받았습니다. (아주 조금이요.)

그 문장은 바로 이것이에요. "계산하는 것뿐만 아니라 비교하는 것도 잘 배워야 합니다."

그리고 비교함으로써 사람들은 분수로 이루어진 음계, 즉 도, 레, 미, 파, 솔, 라, 시를 발견했습니다. (그렇지만 기타학원에 가면 더 잘 이해할 수 있을 것 같아요.)

당나귀 기르기

사람들은 이 땅에서 아름다운 동물들을 멸종시키기 위해 사냥과 환경오염만으로 부족한지 이제는 (겉으로는 좋아 보이는) 과학기술도 사용하기 시작했습니다. 사실, 트랙터와 전기 제분기를 발명하면서부터 사람들은 당나귀를 더 이상 기르고 싶어 하지 않았습니다. 당나귀는 차차 사라져갔지요. 저는 아주 멋진 당나귀 한 마리를 알고 지내서인지 그 사실이 몹시 안타깝습니다. 제 생각에 당나귀의 지능이 낮다는 말은 사실이 아닙니다. 당나귀가 네 다리로 버티고 서서 움직이지 않고 말을 잘 듣지 않는 이유는 노예가 되고 싶지 않아서입니다. 당나귀가 알아듣지 못해서가 아니랍니다! 그리고 저는 누가 뭐래도 노예제도에 반대하는 어린이고요.

우리는 신문에서 한 여자 분이 당나귀를 구하려고 숲 근처에 큰 마구간을 지었다는 기사를 읽었습니다. 누구든지 원하는 사람은 한 마리를 맡을 수 있습니다. 그 여자 분에게 사료 살 돈을 좀 지불하면 숲속에서 당나귀와 함께 놀 수 있지요.

우리 반은 몸 전체가 밝은 갈색인 스밀조를 맡았습니다. 다음 주 토요일에는 스밀조를 찾아가서 당나귀 젖을 조금 마실 거예요. (아마 비스킷과 함께겠지요.)

우리는 사료 값으로 40유로를 모았습니다. 저는 2유로를 냈어요. 다비데는 15유로 중 5유로를 냈고요. 저는 살짝 기분이 언짢았습니다. 왠지 제가 스밀조를 덜 좋아하는 것처럼 보이잖아요. 하지만 저는 6유로밖에 없었고, 스케치북도 사야 했는걸요…….

다행히 선생님께서는 이해해주셨고, 이렇게 말씀하셨습니다.

"걱정하지 말렴. 각자 가지고 있는 돈에서 낼 수 있는 만큼만 내는 거란다. 네가 가진 6유로 중에서 스밀조를 위해 낸 2유로는 다비데의 15유로 중 5유로와 정확히 일치해. 두 사람 모두 스밀조를 위해 가진 돈의 $\frac{1}{3}$을 낸 거야. 너희가 낸 돈은 원래 있던 돈에 비례한단다."

6분의 2는 15분의 5와 같습니다. 즉 $\frac{2}{6} = \frac{5}{15} = \frac{1}{3}$ 입니다.

저는 스밀조의 일이 매우 기쁩니다. 우리 반 아이들이 생태학자가 되면 참 훌륭하게 일할 것입니다. 우리는 당나귀, 펭귄, 고래뿐만 아니라 판다, 벵골호랑이 등이 사는 지구가 늘 아름답게 남아 있기를 바라니까요.

재치 있는 계산법

한 아이가 어떤 수의 90%, 예를 들어 350의 90%를 찾아야만 할 때 어려워보여서 걱정할 수도 있습니다. 그렇다면 그 아이에게 맞는 비법을 사용해 이렇게 생각해보는 거예요.

350의 10%를 찾습니다. 이것은 쉬워요. 바로 35입니다. 그리고 350에서 35를 뺍니다.

350−35=315

따라서 315는 350의 90%입니다. 이제 무서워할 필요 없지요!

고대 일곱 현인 중 첫째가는 현인

저는 어제 제 인생에서 전혀 본 적이 없는 현상을 보았습니다. '일식'이라는 거예요.

우리 학교 전교생이 모두 학교 정원으로 나가서 빛이 조금씩 조금씩 사라지는 광경을 보았습니다. 구름이 낀 것도, 해가 저무는 순간도 아니었어요. 교장선생님께서 우리에게 태양을 볼 수 있는 특수 안경을 주셨고, 우리는 달이 태양 앞에서 태양 전체를 아주 천천히 덮어가는 것을 보았습니다. 이것이 점점 어두워지는 이유였지요! 결국, 태양이 사라지고 어두운 원과 그 주위를 둘러싼 불의 고리가 생겼습니다. 정말 이상한 일이지요.

교실로 돌아왔을 때 선생님께서 고대 사람들은 일식이 일어나면 엄청나게 불안해했다는 이야기를 들려주셨습니다. 고대 사람들은 무슨 일이 일어나는지 알지 못했기 때문에 몸을 피하기 위해 도망쳤습니다. 그들은 화가 난 신들이 사람들을 찾아와서 대소동을 일으키는 거라고 믿었습니다.

그런데 그때 모든 것을 알고 사람들에게 설명해준 아주 똑똑한 사람이 있었습니다. 탈레스라는 사람인데, 그다음부터 사람들은 탈레스가 세상에서 가장 현명하다고 말했습니다. 탈레스 말고도 여섯 명이 더 있었지만요. 전부 일곱 명이지요. 그 사람들을 일컬어 '고대의 일곱 현인'이라고 합니다.

탈레스는 철학자이고, 사실 최초의 철학자입니다. 철학자는 지식을 좋아하는 사람이라고 합니다. (선생님께서 그렇게 말씀해주셨어요.) 그래서 무슨 일이 일어나는지 이해하고 가능하면 많이 알려고 노력했습니다. 탈레스는 생각하는 것을 가장 좋아했고, 끊임없이 생각했습니다. 하루는 이런 일이 있었습니다. 탈레스는 온갖 별과 행성으로 이루어진 우주가 어떻게 만들어졌는지를 생각하면서 걷다가 그만 우물을 보지 못했습니다. 첨벙! 탈레스는 목까지 잠길 정도로 푹 빠졌습니다.

모두 큰 소리로 웃었습니다. 탈레스의 하녀도 한참 웃다가 말했습니다. "탈레스님, 늘 하늘을 쳐다보며 별과 행성들 사이에서 일어나는 일들을 알려고 하면서 정작 발아래서 일어나는 일은 모르시는군요! 이것이 탈레스님이 사는 방식인가요?" 그래도 탈레스는 생각하기를 그치지 않았습니다. 탈레스의 일은 바로 생각이었으니까요.

어쨌든 탈레스는 제 마음에 듭니다. 그래서 탈레스에게 심각한 일이 일어나지 않았기를 바랍니다.

비례에 맞춘 설계도

탈레스는 고대 일곱 현인에 들어갈 만한 사람이었습니다. 정말이지 아는 것이 많았거든요.

일식 외에도 탈레스는 정확한 설계를 위한 특별한 방법을 발견했습니다. 그 비밀은 올바른 비례에 있었습니다.

만약 높이 12미터에 3미터짜리 대문이 있는 집을 짓고 싶다면, 같은 비율로 설계도를 그려야 합니다. 20센티미터 높이의 집을 그렸다면? 5센티미터의 대문을 그려야 하지요. 3미터는 12미터의 4분의 1, 5센티미터도 20센티미터의 4분의 1입니다. 같은 비율이죠. 설계가 잘 되었으니 안심하세요.

혹시 집을 8센티미터 높이로 한다면, 대문은 2센티미터로 그려야 합니다. 하지만 실제 집을 지을 때는 대문만이 아니라 모든 것을 같은 비율로 설계해야 합니다. 비례가 잘 맞는 설계도를 완성하면 정말로 실제 집처럼 보입니다.

비례가 맞는 설계도!

여기 제 말대로 하지 않은 엉망진창 설계도를 보세요. 제 동생이 그린 그림 같네요!

비례가 안 맞는 설계도!

탈레스는 프리드리히보다 더 뛰어나다

저는 탈레스가 수를 더하는 법을 발견한 프리드리히보다 더 훌륭한 것 같아요.

탈레스는 슈퍼맨이나 할 수 있는 일을 했습니다. 이런 경우도 있었지요. 사람들은 어려운 일이 생기면 하나같이 똑똑한 탈레스에게 도움을 청했습니다. 하루는 탈레스가 공부하던 곳 가까이에 있던 피라미드의 높이를 재어달라고 부탁했습니다. (정말

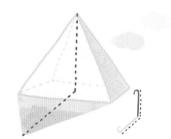

알고 싶어서인지 탈레스를 곤경에 빠뜨리고 싶어서인지는 모르겠지

만요.) 탈레스는 당황하지 않고 피라미드 가까이로 갔습니다.

탈레스는 우물에 빠진 뒤부터 늘 지팡이를 가지고 다녔습니다.

이때도 손에는 지팡이가 들려 있었지요.

사람들은 생각했습니다. '탈레스가 이제 못한다고 말할 거야.'

그도 그럴 것이, 정말 불가능해 보였으니까요.

그렇지만 탈레스는 침착한 목소리로 말했습니다. "제 지팡이

가 만드는 그림자를 재어보세요. 만약 그림자가 지팡이만 하면,

피라미드의 그림자도 피라미드의 높이만 한 겁니다. 만약 지팡

이의 절반이라면, 피라미드 그림자의 길이도 피라미드 높이의

절반입니다⋯⋯."

그러니까 탈레스의 말은 같은 비율을 이룬다는 뜻이에요. (탈

레스가 만들어낸 비례에 맞춘 설계도처럼 말이죠.)

사람들은 탈레스의 지팡이와 그림자 길이를 재는 모습을 지켜

보았습니다. 둘의 길이가 같음을 확인하고는 바로 피라미드의 그림자도 재어서 피라미드의 높이를 알아냈고요.

제 생각에, 모든 사람은 이렇게 생각했을 거예요. '안타깝군. 나도 이런 멋진 생각을 할 수 있다면 좋을 텐데!'

재치 있는 계산법

2%나 3% 같은 아주 작은 백분율도 있습니다. 어떻게 계산하는지 모른 다면 더럭 겁이 날 수도 있습니다. 그런데 선생님께서 좋은 비법을 가르 쳐주셨습니다.

먼저 1%를 찾습니다. 이것은 쉬워요. 100으로 나누기만 하면 되니까요. 그러고는 거기에 2 또는 3을 곱하면…… 그게 2%나 3%입니다…… 짠! 답이 나옵니다.

이제 210의 3%를 계산해볼게요.

210의 1%는 2.1입니다. 거기에 3을 곱하면 6.3이 됩니다. 자, 다 됐어요.

자매를 도우러 출동!

계산하는 아이들을 돕기 위해 때로 자매분수가 분수를 도우러 출동합니다.

바로 그 분수들이 오늘은 저와 마르코를 도우러 왔어요.

저는 공연 현수막의 $\frac{1}{3}$ 을 색칠했습니다. 마르코는 $\frac{1}{6}$ 만 칠했고요. (저보다 훨씬 느려요.)

우리는 페인트를 더 사야 했는데, 색칠할 부분이 얼마나 남았는지 알지 못했습니다.

그래서 저와 마르코가 색칠한 부분을 더해보고 싶었습니다.

$$\frac{1}{3} + \frac{1}{6}$$

그런데 3분의 1과 6분의 1을 어떻게 더해야 할까요?

배에 사과를 더하는 꼴이잖아요. 그런데 우와! 여기 $\frac{1}{3}$ 의 자매분수인 $\frac{2}{6}$ 가 도우러 왔네요.

95

우리는 재빨리 둘을 더했습니다.

$\frac{2}{6} + \frac{1}{6}$은 $\frac{3}{6}$입니다.

그래서 $\frac{3}{6}$이 남았다는 것을 알았습니다. 다시 말해서 절반인

거죠!

페인트 한 통을 썼으니 또 한 통이 필요합니다. (내일 공구점에

가서 사올 거예요.)

저는 자매뿐 아니라 형제끼리도 도와야 한다고 생각합니다. 이

제부턴 저도 제 동생을 도울 것입니다. 다 크기 전까지만요.

곱셈하기

저는 사칙연산 중에서 곱셈을 가장 좋아합니다. 매우 어렵기는 하지만 나눗셈만큼은 아니기 때문이에요. 더욱이 구구단을 완벽하게 외웠고 실력이 쑥쑥 늘었습니다. (작년에는 구구단 한 단을 줄줄이 읊어봐야 답을 찾았거든요.)

곱셈은 나머지를 구하거나 소수점을 넣거나 0을 추가할 일이 없습니다. 언제까지 나눠야 할지 모를 때도 없고요.

분수도 나눗셈보다 곱셈이 쉬워요.

예를 들어볼게요.

$$2 \times \frac{2}{5} = \frac{4}{5}$$

오래 생각할 필요가 없습니다. $\frac{2}{5}$의 2에 두 배를 하면, 바로 $\frac{4}{5}$가 됩니다.

분자를 곱하기만 하면 되지요!

만약 1을 곱한다면, 머리를 쓸 필요도 없습니다. 어떤 일도 일어나지 않으니까요.

$$\frac{2}{5} \times 1 = \frac{2}{5}$$

사실 우리는 1이라는 수를 이미 알고 있습니다. 1은 곱셈에서 중립을 지키는 수입니다. 아예 없는 수라고 봐도 되지요.

하지만 3과 $\frac{1}{3}$처럼 역수끼리 곱하면 늘 1이 나온다는 사실은 몰랐습니다. 곱셈을 할 때는 역수 관계인 두 수가 있는지 살펴보세요. 그 수들은 없는 듯이 대해도 돼요. 서로 무효로 만드는 능력이 있거든요.

$$12 \times 3 \times \frac{1}{3} = 12$$

무효가 무엇인지 예를 들어야겠네요. 마르코가 물풍선을 들고 제게 달려온다고 쳐요. 핀 하나만 있으면 물풍선을 무효로 만들 수 있답니다. 물은 마르코 발등으로 모두 쏟아질 테니까요.

완전한 거꾸로 세계

분수의 세계는 완전히 정반대예요. 우리는 가끔 생각한 것과 반대로 해야 하는데, 분수를 나눠야 할 때가 그렇답니다.

케이크의 $\frac{3}{5}$이 있는데, 아무래도 많은 듯해서 동생과 반씩 나누어 먹으려고 합니다.

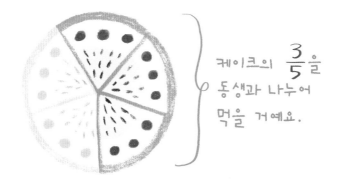

케이크의 $\frac{3}{5}$을 동생과 나누어 먹을 거예요.

그러려면 각각의 5분의 1을 반씩 나눕니다.

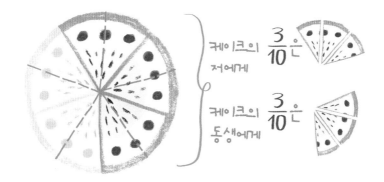

케이크의 $\frac{3}{10}$은 저에게

케이크의 $\frac{3}{10}$은 동생에게

이렇게 하면 저와 동생은 $\frac{3}{10}$씩 먹을 수 있습니다. 결국, 분수를 반으로 나누는 것은 분모에 2를 곱하는 것과 마찬가지네요!

$$\frac{3}{5} \div 2 = \frac{3}{10}$$

이 거꾸로 가는 세계 이야기는 제가 선생님께 말씀드린 거예요. 그리고 선생님께서는 제 이야기에서 곱셈을 할 때 일어나는 이상한 현상을 발견하셨습니다.

뭐냐 하면요. 일단 분수 하나를 예로 들어보겠습니다. $\frac{1}{4}$이 좋겠어요.

 에 2를 곱합니다.

 이렇게 사과 두 조각을 합치면 반 개가 되지요. 그러니까

$$\frac{1}{4} \times 2 = \frac{1}{2}$$

분자에 2를 곱하는 대신 분모를 반으로 나누면 됩니다. 분수의 세계에는 이처럼 놀라운 일이 일어난답니다!

계산기로 백분율을 구하려면

계산 때문에 골치를 썩고 싶지 않을 때, 마침 계산기가 있을 때, 계산할 수가 지나치게 복잡할 때 계산기로 백분율의 답을 구해 보세요. 하지만 버튼을 정확하게 눌러야 합니다.

예를 들어, 4250의 37%를 계산하려면(정말 복잡하지요) 이렇게

합니다.

4250을 찍고 곱셈 버튼을 누릅니다. 그리고 37을 찍고 마지막으로 % 버튼을 누르면 됩니다.

머리 아플 일 없이 순식간에 정확한 답을 알 수 있습니다.

째치 있는 계산법

이것은 정말 독창적인 계산법으로, 소피아가 알려준 방법이에요. 395유로짜리 자전거를 35% 할인해준다면 얼마를 내야 할까요? 할인 금액을 구한 다음 전체 금액에서 뺄 필요가 없습니다! 계산기로 395의 65%를 바로 찾으세요. 35%를 뺀다면 65%를 낸다는 뜻이잖아요.

어머니의 날 공연

어머니의 날 공연은 정말 멋졌습니다. 노래하고 춤만 춘 아이들보다 훨씬 멋졌어요. 아주 즐거운 하루였습니다. 커다란 버스로 가는 동안 어릿광대 옷을 입고 있던 우리는 한바탕 사람들을 웃겨주었습니다. 어떤 아저씨들은 박수를 치기도 했지요. 마르코는 형의 큰 신발을 신고는 걷지를 못해 바닥에 쫘당 넘

어졌습니다. 마티아는 마르코가 일부러 픽 쓰러지는 척하는 줄
알았지만 장난이 아니었어요! 마르코는 진짜 넘어져서 상처까
지 입었는데 사람들은 신나게 웃기만 했습니다.

학교로 돌아온 우리는 쓰러질 만큼 피곤했습니다. 선생님께서
는 책상에 머리를 누이라며 블라인드를 조금 내려 편안하게 쉬
도록 해주셨습니다. 다비데는 죽은 듯이 자더군요. 그런데 점
심시간 종이 울리자마자 빛의 속도로 뛰쳐나가지 뭐예요.

오후에는 수업을 받았습니다. 하지만 쉬운 내용이었지요.
사실, 수에 소수점이 붙기도 하고 소수점 다음에 10의 자리, 100의
자리, 1000의 자리가 있다는 것쯤은 이미 알고 있었습니다.

그리고 이 10의 자리, 100의 자리, 1000의 자리는 바로 분수입
니다. 이렇게요.

$$\frac{3}{10} \qquad \frac{7}{100} \qquad \frac{5}{1000}$$

그래서 분수 대신에 소수점이 붙은 수를 넣을 수 있습니다. 그
것들을 소수라고 일컫습니다. (이것 역시 작년에 배웠지요.)

그래서 만약 어떤 물건의 길이가 2와 $\frac{3}{10}$ 미터라면, 곧 **2.3미터**
라는 뜻입니다.

만약 2와 $\frac{3}{10}$ 과 $\frac{7}{100}$ 미터라면, **2.37미터**를 의미하지요.

2와 $\frac{3}{10}$, $\frac{7}{100}$, $\frac{5}{1000}$ 미터라면, 다 합해서 **2.375미터**입니다.

미터   데시미터   센티미터   밀리미터

다르게 말하면 2미터, 3데시미터, 7센티미터, 5밀리미터입니다. (그러나 밀리미터는 너무 작아서 거의 보이지 않아요.)

백퍼센트

100%는 전부를 뜻합니다. 무슨 말인지 설명하려면, 어제 저에게 일어난 일을 이야기하는 것이 좋을 듯합니다.

어제 저에게는 성탄절에 받은 용돈 중 20유로밖에 남아 있지 않았어요. 그런데 운 좋게도 할머니께서 오셔서 20유로를 주셨습니다. 얼마나 좋았는지 몰라요. 그때 퍼뜩 제 용돈이 100% 늘어났다는 생각이 들었습니다.

그런데 오후에 엄마와 쇼핑을 가서 동생의 생일 선물(레고 블록이에요)과 제 장난감 자동차를 샀습니다. 딱 40유로였어요. 이로써 저는 용돈의 100%를 썼습니다.

(백분율을 안다면 뉴스 아나운서처럼 말할 수 있답니다.)

재치 있는 계산법

만약 395유로짜리 자전거에 부가가치세(세금 이름이에요) 20%가 붙는다면, 20%를 먼저 찾아야만 합니다. 그런 다음 395유로에 구한 값을 더합니다. 적은 금액이 아니지요. 하지만 제가 지금 하는 말을 이해한다면, 계산만큼은 간단히 할 수 있습니다. 이렇게 하세요. 계산기를 켠 뒤 395의 120%를 바로 계산합니다. 120%는 100%(395유로)와 20%의 세금을 합한 값입니다.

(조금 비싼 자전거 같으니까 꼭 할인을 받으세요. 제 자전거는 아주 쌌거든요.)

5분의 행복

오늘 저와 마르코는 아주 멋진 발견을 했습니다. 만약 '먼저 10에 도달하기'에서 7을 말하면 확실하게 이길 수 있습니다. (우리 둘은 전부터 알던 거지만요.) 하지만 7을 말하기에 앞서 4를 말해야 합니다. 이것을 발견한 거예요! 친구가 5를 말하면 2를 더해 7을 말하고, 혹시 그 친구가 6을 말하면 1을 더해 7을 말하면 되잖아요!

지금 저는 간식을 먹으러 갑니다. 다 먹고 나면 4를 말하는 비결을 궁리해보려고요.

학교에 가는 마지막 날

학교에 다닐 때는 아침 일찍 일어나고 숙제를 하고 친구와 싸우느라 꿈같던 방학생활은 잊어버립니다. 별것도 아닌 일에 소리를 지르고 나면 간식 먹을 때까지 아는 척도 하지 않지요. 아직 제게 일어나지는 않았지만 이것 말고도 나쁜 일들은 수두룩하답니다. 하지만 올해 우리는 제법 즐거웠습니다. 물로 여러 가지 분수를 만드는 재치 만점의 실험도 하고 짤막한 이야기를 엮어서 진짜 책도 펴냈습니다. 그중에서도 가장 멋진 일은 바로 이것입니다. 학교에 가는 마지막 날, 우리는 연말 벼룩시장에서 팔 수학 놀이 카드를 생각해냈습니다. 번 돈으로는 운동장에 놓을 미끄럼틀을 사기로 결정했습니다. 놀이공원에 있는 멋진 걸로 살 거예요!

그뿐만 아니라 선생님께서는 1년 내내 우리와 다양한 놀이를 하고, 멋진 모험 이야기도 많이 들려주셨습니다. 선생님께서 그렇게 약속하셨거든요. 우리 선생님께서는 로빈 후드처럼 약속을 꼭 지키는 분입니다.

야호~ 쉬는시간!!

계억력 놀이!

수학

설명은 다음 쪽을 보세요!

어떤 놀이게요?

놀이의 이름은 마티아가 지었습니다. 마티아는 언어의 마술사입니다. 처음에 마티아는 '생각하면 승리'라고 짓고 싶어 했지만, 우리는 '수학 기억력 놀이' 쪽이 더 좋았습니다. 두 장의 기억력 카드를 맞추는 놀이거든요.

'수학 기억력 놀이'를 하려면 먼저 카드를 잘라야 해요. 그러고는 색깔별로 모읍니다. 이제 함께 놀 친구를 찾아야지요.

자, 놀이가 시작되었습니다. 서로 한 뭉치씩 나눠 가집니다. 주황색 기억력 카드를 가진 아이가 탁자 위에 카드 한 장을 올려놓으면, 다른 아이가 거기에 쓰인 대로 읽고 그것을 식으로 표현한 카드를 자기 뭉치에서 찾습니다. 올바른 기억력 카드를 찾아내면 카드 하나를 따고, 그렇지 않으면 상대가 카드를 가져갑니다. (카드가 정확한지 알려면 126쪽을 확인하세요.)

마지막에는 양편의 카드를 세어봅니다. 카드를 더 많이 가진 사람이 승리하지요. 한 판을 마치면 두 카드 뭉치를 바꾸고 다시 시작합니다. 이 놀이가 마음에 든다면 원하는 만큼 카드를 더 만들 수 있습니다. 어쩌면 누나가 도와준다고 할 수도 있지요. 저와 마르코는 이미 백분율이 들어간 아주 어려운 카드를 두 벌이나 만들었답니다.

십팔과 육의 합

구와 칠의 차

구와 칠의 곱

십팔과 육의 몫

오와 십오의 비

십오와 오의 비

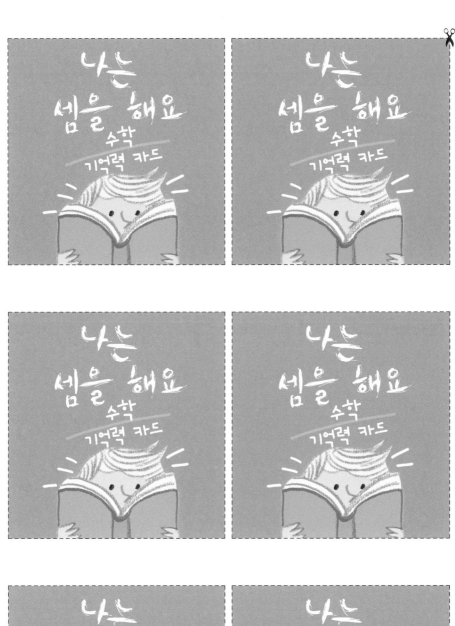

사 앞의 수와 구 다음 수의 합	칠의 두 배에 사 더하기
십팔의 절반에서 삼 빼기	십육과 십의 차의 절반
이와 사의 합의 세 배	삼과 사의 두 배의 합

오의 두 배와 십의 절반 사이의 차	육의 세 배와 칠의 두 배 사이의 합
이십의 반의 반	사분의 십이 곱하기 삼
삼분의 십이 곱하기 사	육십의 이십오퍼센트

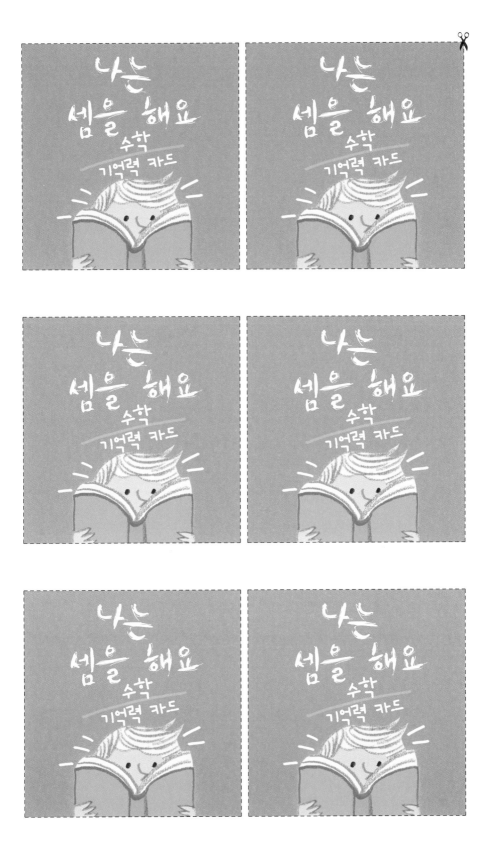

팔십오의 십퍼센트	백이십의 십오퍼센트
백오십의 구십퍼센트	사백의 백십퍼센트
삼십사의 육십퍼센트	사백의 십일퍼센트

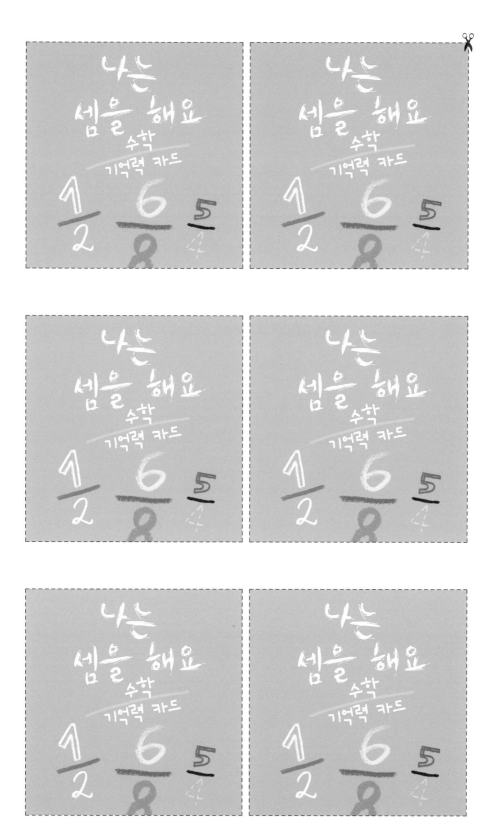

$18 + 6$

$9 - 7$

9×7

$18 \div 6$

$\dfrac{5}{15}$

$\dfrac{15}{5}$

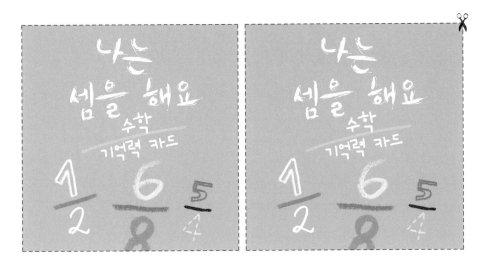

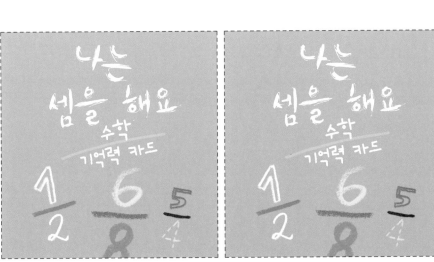

$3 + 10$

$2 \times 7 + 4$

$18 \div 2 - 3$

$(16 - 10) \div 2$

$3 \times (2 + 4)$

$3 + 2 \times 4$

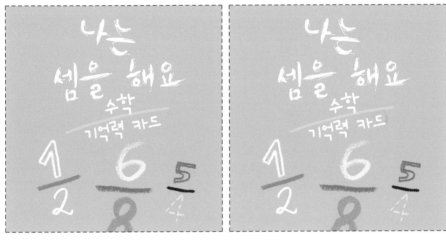

$2 \times 5 - 10 \div 2$

$3 \times 6 + 2 \times 7$

$(20 \div 2) \div 2$

$(12 \div 4) \times 3$

$(12 \div 3) \times 4$

$60 \div 4$

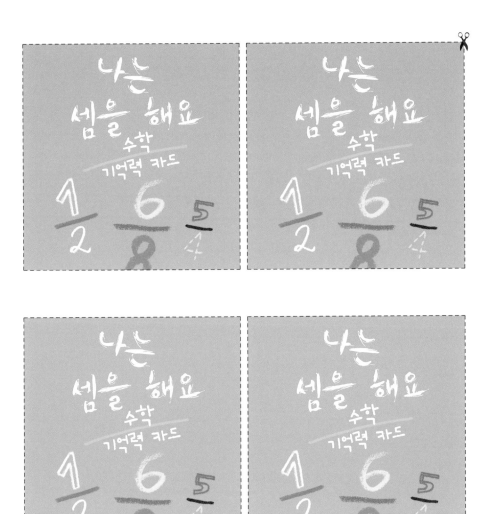
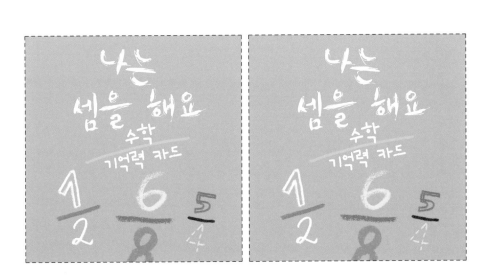

$85 \div 10$

$12 + 6$

$150 - 15$

$400 + 40$

$17 + 3.4$

$40 + 4$

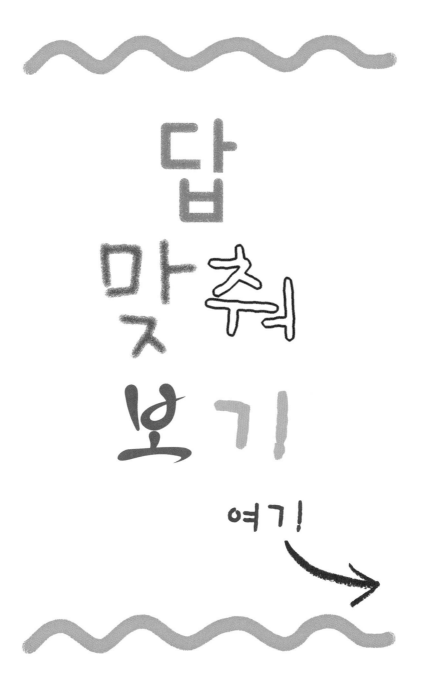

답
맞춰
보기

여기!

문제

십팔과 육의 합

구와 칠의 차

구와 칠의 곱

십팔과 육의 몫

오와 십오의 비

십오와 오의 비

사 앞의 수와 구 다음 수의 합

칠의 두 배에 사 더하기

식	정답
18+6	24
9−7	2
9×7	63
18÷6	3
$\dfrac{5}{15}$	$\dfrac{1}{3}$
$\dfrac{15}{5}$	3
3+10	13
2×7+4	18

문제

십팔의 절반에서 삼 빼기

십육과 십의 차의 절반

이와 사의 합의 세 배

삼과 사의 두 배의 합

오의 두 배와 십의 절반 사이의 차

육의 세 배와 칠의 두 배 사이의 합

이십의 반의 반

사분의 십이 곱하기 삼

식	정답
$18 \div 2 - 3$	6
$(16 - 10) \div 2$	3
$3 \times (2 + 4)$	18
$3 + 2 \times 4$	11
$2 \times 5 - 10 \div 2$	5
$3 \times 6 + 2 \times 7$	32
$(20 \div 2) \div 2$	5
$(12 \div 4) \times 3$	9

문제

삼분의 십이 곱하기 사

육십의 이십오퍼센트

팔십오의 십퍼센트

백이십의 십오퍼센트

백오십의 구십퍼센트

사백의 백십퍼센트

삼십사의 육십퍼센트

사백의 십일퍼센트

식	정답
(12÷3)×4	16
60÷4	15
85÷10	8.5
12+6	18
150−15	135
400+40	440
17+3.4	20.4
40+4	44